Werner Preißer

Bartagamen zu Hause

Inhaltsverzeichnis

Bereits nach einer kurzen Eingewöhnungszeit können Kinder verantwortungsbewusst mit den Tieren umgehen.

Warum eine Bartagame?

Eine Bartagame im Terrarium. Diese zutraulichen Minidrachen eignen sich sehr gut für eine Pflege im Terrarium.

Da Sie dieses Buch gekauft haben, gehe ich davon aus, dass auch Sie von den bärtigen Minidrachen fasziniert sind. Ähnlich wie Ihnen geht es sehr vielen Menschen. Gehören doch die Bartis, wie sie liebevoll auch genannt werden, zu den am häufigsten in der Terraristik anzutreffenden Tieren. Es gibt kaum eine andere Echse, die so viel Begeisterung auslöst. Und das mit Recht, denn das attraktive Erscheinungsbild, das an Dinosaurier oder Drachen erinnert, die Größe und nicht zuletzt ihre ständige Aktivität laden zum häufigen Beobachten und zum Umgang mit den Tieren ein.

Durch ihre Zutraulichkeit und Anhänglichkeit ziehen diese besonders Kinder und Jugendliche in ihren Bann. Mit der Zeit können sie die Tiere sogar von Hand füttern. Trotzdem sind sie nicht als Streicheltiere wie Hase und Meerschweinchen geeignet und benötigen zu ihrem Wohlbefinden auch während des Tages ausgedehnte Ruhephasen.

Ein Trockenterrarium, wie es für Bartagamen nötig ist, lässt sich leicht gestalten und wird auch immer als Schmuckstück in einem Wohnraum dienen. In einem solchen Terrarium lassen sich die Sonnenanbeter während des ganzen Tages gut beobachten. Pflegt man mehr als ein Tier, so zeigen die Bartagamen ihre interessanten Verhaltensweisen und man wird jeden Tag aufs Neue von seinen Tieren begeistert sein.

Trotz dieser vielen Vorzüge muss immer bedacht werden, dass diese aktiven Tiere ein großes Terrarium mit entsprechend aufwendiger Technik benötigen. Gerade als Bewohner Australiens sind sie auf hohe Temperatur- und Lichtverhältnisse angewiesen, was sich in den Stromkosten niederschlagen wird.

Ziel dieses Buches ist es, grundlegendes Wissen über die Bartagamen zu vermitteln, sodass eine ausdauernde, langjährige Pflege dieser Tiere gelingt. Die häufigsten und in der Terraristik interessantesten Arten sind *Pogona vitticeps* und *Pogona henrylawsoni*. Beide Arten werden regelmäßig nachgezüchtet und eignen sich gut für eine Pflege im Terrarium. Alle Ratschläge und Empfehlungen auf den folgenden Seiten beziehen sich auf diese beiden Arten. Aber auch die weiteren Unterarten der Bartagamen lassen sich auf ähnliche Art und Weise pflegen.

Systematik

Die Wissenschaftler versuchen die Tier- und Pflanzenwelt so einzuteilen, dass Verwandtschaftsverhältnisse erkennbar werden. Dies wird auch als Systematik bezeichnet. Laufend werden neue Erkenntnisse über einzelne Tiere oder Tiergruppen bekannt. So unterliegt diese Einteilung einer ständigen Veränderung (Revision).

Die heute noch gültige Einteilung der Bartagamen stammt aus dem Jahre 1982. Nach wie vor ist jedoch die Systematik der australischen Agamen umstritten und wird mit Sicherheit in den nächsten Jahren nochmals überarbeitet werden.

Bartagamen gehören wie andere Echsen auch zur Klasse der Reptilien. Innerhalb der Echsen zählen sie zu der Familie der Agamen. Der lateinische Gattungsname unserer Bartis lautet *Pogona*. Es werden zur Zeit acht Arten der Bartagamen wissenschaftlich anerkannt.

» ***Pogona vitticeps* bei einem Freilandaufenthalt während der Sommermonate.**

Systematik

Klasse: Reptilia
Ordnung: Squamata
Unterordnung: Lacertilia
Familie: Agamen
Gattung: *Pogona*
Arten: *P. vitticeps, P. henrylawsoni, P. mitchelli, P. barbata, P. microlepidota, P. minor, P. minima, P. nullarbor*

Schon gewusst?

Der Name *Pogona* kommt aus dem Griechischen und heißt übersetzt Bart. Dieser Name entstand vermutlich durch das charakteristische Merkmal bei Furcht und Aggression, die aus stacheligen Schuppen bestehende Kehle aufzustellen (dies gelingt durch Aufstellen des Zungenbeinapparates). In Amerika werden diese Tiere auch als Bearded Dragon bezeichnet, was übersetzt so viel wie bärtiger Drachen bedeutet.

» Von den Bartagamen gibt es viele unterschiedliche Arten und Farbformen. Hier im Bild ist eine Sandfire Bartagame beim Sonnenbad zu sehen.

Entwicklungsgeschichte

Bereits vor 250 Millionen Jahren lebten die ersten Echsen auf unserem Planeten. In Körperform und Größe hatten sie allerdings mehr Ähnlichkeit mit Dinos und Krokodilen, als mit den uns heute bekannten Bartagamen. Die Dinosaurier starben dann vor 65 Millionen Jahren aus. Zeitgleich haben sich aber die anderen Reptilien weiterentwickelt. In Form, Körperbau und Größe passten sie sich an die unterschiedlichsten Lebensräume an. So leben einige heute noch im Wasser oder grabend unter der Erde. Wieder andere haben sich auf das Leben in Trockengebieten und Halbwüsten spezialisiert. Zu diesen gehören auch unsere Bartagamen. Im Laufe ihrer Evolution ist es ihnen gelungen, mit dem spärlichen Wasserangebot und den unterschiedlichsten Nahrungsmitteln auszukommen. Zur Zeit sind sie optimal an das Leben in den australischen Trockengebieten angepasst. Aber niemand weiß, wie sie sich in den kommenden Millionen Jahren weiterentwickeln werden oder, ob sie sogar aussterben.

Der Kopf ist mit vielen in Stacheln endenden Schuppen besetzt, diese dienen als Schutz vor Fressfeinden und Beutegreifern (Vögeln).

Herkunft

Bartagamen kommen endemisch (nur auf diesen Kontinent beschränkt) auf dem kleinen Kontinent Australien vor. Hier bewohnen sie die Trockengebiete, wie Halbwüsten, Steppen und Trockenbuschlandschaften. Teilweise sind sie aber auch noch in feuchten Waldgebieten und den Rändern von Trockenwäldern zu finden. Im Westen und Osten von Australien sind sie sehr häufig. Nördlich und im Zentrum des Kontinents nimmt die Besiedelungsdichte durch Pogonaarten rapide ab.

Selbst mit einem geübten Auge gelingt es nicht immer, die Tiere in ihrer natürlichen Umgebung auszumachen. Durch ihre Farbe und die Möglichkeit, sich platt zu machen wie eine Flunder, lassen sie sich oft nur schwer von Steinen und Sand unterscheiden. Eine gute Möglichkeit, sie in der Natur zu beobachten, besteht immer in den Morgen- und Abendstunden, wenn die Tiere zum Sonnenbaden aus ihren Verstecken kommen. Auf leicht erhöhten trockenen Ästen oder Steinen drehen sie sich dann in Richtung Sonne, um den Körper auf Vorzugstemperatur zu bringen.

In den Verbreitungsgebieten von Bartagamen ist das Wasser rar und es herrschen oft hohe Temperaturen. Nur in den frühen Morgenstunden lässt sich oftmals Wasser in Form von Tau finden. Diesen lecken die Tiere gerne von Blättern und Steinen auf. Die Nahrungssuche hingegen gestaltet sich um einiges leichter, da sich die Tiere sowohl von Blättern und Gräsern als auch von Insekten und Spinnentieren ernähren.

Um den hohen Temperaturen auszuweichen, graben sich die Bartis oftmals tief in den Sand ein, denn hier in den unteren Sandschichten ist es kühler als an der Oberfläche. Oder sie suchen Schutz im Schatten von Bäumen und Sträuchern.

» **Diese Bartagame sonnt sich auf einem alten Baumstumpf. An der schwarzen Kehlwamme lässt sich ein dominantes Männchen erkennen.**

Aussehen und Körperbau

Bartagamen sehen sehr gut. Neben den Augen dient auch noch der Gehör- und Geruchssinn zur Beutefindung.

Äußeres Erscheinungsbild

Wahrlich erinnern die Bartagamen an kleine Drachen. Deren Körper ist von rauen Schuppen bedeckt, die teilweise in spitzen Stacheln enden. Diese sind allerdings sehr weich und dienen lediglich der Abwehr von Fressfeinden. Körper und Gliedmaßen sind kräftig und muskulös gebaut. Ungefähr die Hälfte der Gesamtlänge entfällt auf den kräftigen, runden Schwanz. Anders als andere Echsen sind die Bartagamen nicht in der Lage ihren Schwanz zu regenerieren, wenn dieser abgebrochen oder abgebissen wurde. Er dient diesen Echsen als Stützorgan, Waffe, aber auch als Speicher von Nahrungsreserven.

Von oben betrachtet sieht der kräftige Kopf fast dreieckig aus. Bartagamen verfügen am Kopf über ein sogenanntes Parietalauge (nicht mit einem normalen Auge zu vergleichen, dies ist nur eine besondere Schuppe). Dieses sitzt in der Mitte des Schädeldaches. Mit ihm werden Umweltreize wahrgenommen und an das Gehirn weitergegeben. Das Trommelfell der Tiere ist seitlich am Kopf gut sichtbar.

Pogona vitticeps **im Terrarium.**
Das stachelige Aussehen und der kräftige Körper sind Kennzeichen dieser Echsen.

» Um die Körperfunktionen aufrechtzuerhalten, benötigen die Bartagamen hohe Temperaturen. Dieses Tier sonnt sich unter einem Spotstrahler.

Allerdings verfügen sie nur über ein sehr schlechtes Hörvermögen. Der Sehsinn hingegen ist sehr gut ausgeprägt und bereits nach kurzer Zeit erkennen sie ihren Pfleger. Ober- und Unterkiefer sind mit je einer Zahnreihe besetzt, mit der die Bartis ihre Beutetiere festhalten können oder Blätter von Pflanzen abreißen.

Körperfunktionen

Als wechselwarme Tiere sind sie nicht in der Lage, ihre Körpertemperatur selbst zu regeln. Besonders die Verdauung der Tiere ist stark temperaturabhängig. So suchen sie in der Natur Plätze auf, welche es ihnen ermöglichen, sich auf die nötige Betriebstemperatur zu bringen.

Die inneren Organe erfüllen ähnliche Funktionen, wie uns dies von Säugetieren bekannt ist. Auch wenn das Herz und einige andere Organe anders aussehen und funktionieren als bei Säugetieren, sind sie auch für Bartagamen überlebensnotwendig.

Ähnlich wie Schlangen, nehmen auch Bartagamen Duftstoffe mit ihrer fleischigen großen Zunge auf, um sie dann zum Jakobsonschen Organ zu befördern. Dort werden die Moleküle analysiert und die Informationen werden zum Gehirn weitergeleitet. Bartagamen züngeln nicht. Benutzen aber ihre Zunge zur Nahrungsaufnahme, besonders zum Fang von Insekten.

Haut und Häutung

Im Laufe der jahrmillionenlangen Entwicklung hat sich die äußere Hautschicht stark verhornt. Sie dient als Schutz vor mechanischer Beschädigung durch Sand und Steine und schützt die Tiere vor dem Austrocknen.

Wie bei vielen anderen Reptilien ist auch die äußerste Hautschicht der Bartagamen nicht in der Lage mitzuwachsen. So müssen sich die Tiere in unregelmäßigen Zeitabständen häuten. Eine bevorstehende Häutung lässt sich an dem matten und milchigen Erscheinungsbild der Tiere erkennen. Ist der Zeitpunkt gekommen, die alte Haut abzustreifen, reißt diese meist zuerst am Kopf auf. Nun scheuern sich viele Tiere an den

» **Ausgewachsene Bartagamen benötigen zu ihren Wohlbefinden ausreichend Platz. Trockengrasbüschel dienen zur Strukturierung und als Deko.**

Einrichtungsgegenständen, um die alte Haut loszuwerden. Manche Tiere fressen diese auch auf, wodurch wichtige Mineralstoffe aufgenommen werden. Ansonsten ist die Haut in Fetzen im Terrarium zu finden. Nach einer Häutung ist stets zu kontrollieren, ob auch an allen Stellen, vor allem an den Zehen und am Schwanz, die alten Hautreste abgestreift wurden.

Größe und Alter

Reptilien wachsen ihr Leben lang. Genauso ist dies auch bei unseren Bartagamen. Allerdings geht das Wachstum nach Erreichen der Geschlechtsreife nur noch sehr langsam vonstatten. Grundsätzlich kann man aber davon ausgehen, dass besonders große Tiere einer Art auch sehr alt sind. Die beiden für die Terraristik sehr interessanten Arten werden zwischen 30 und 50 cm groß. Von beiden entfällt circa die Hälfte der Gesamtlänge auf den Schwanz. Die Kopf-Rumpflänge beträgt also zwischen 15 und 25 cm.
Aufgrund ihrer hohen Aktivität erreichen Bartagamen kein so hohes Alter wie beispielsweise Schildkröten oder Krokodile. Aber mit bis zu 12 Jahren werden sie um ein Vielfaches älter als gleichgroße Säugetiere.

GUT ZU WISSEN

- Bartagamen sind nicht in der Lage, ihren Schwanz abzuwerfen oder zu regenerieren.
- Die Stacheln der Bartagamen sind nicht wirklich spitz, so kann man sich daran nicht verletzen.
- Das Parietalauge ist ein zusätzliches Sinnesorgan.
- Auch Bartagamen müssen sich häuten, wenn sie wachsen.
- Leicht feuchte Verstecke erleichtern den Tieren die Häutung.
- Nach Erreichen der Geschlechtsreife wachsen die Tiere nur noch sehr wenig.
- Die fleischige Zunge dient zum Aufnehmen von Duftmolekülen und zur Nahrungsaufnahme.
- Mit bis zu 12 Jahren erreichen sie ein respektables Alter.

» **Diese Bartagame ist ein halbes Jahr alt. Haben sie erst einmal ein Alter von einem Jahr erreicht wachsen sie nur noch sehr langsam.**

Überlegungen vor dem Kauf

Ist eine Bartagame das Richtige für mich?

Bevor man sich zur Pflege dieser Minidrachen entscheidet, sollte man einige Punkte genau überdenken. Bartagamen gelten zwar dem Gesetz nach als Kleintiere, die in Käfigen oder Terrarien gepflegt werden, und bedürfen so auch keiner Genehmigung durch den Vermieter. Liegt eine solche aber vor, kann man vielen Unstimmigkeiten von vornherein aus dem Weg gehen. Da die Tiere auch mit lebenden Futterinsekten ernährt werden, sollten von Anfang an keine Bedenken gegen die Verfütterung von lebenden Insekten bestehen. Entkommene Heimchen oder Grillen können schnell zur Plage in einer Wohnung werden. Auch eventuelle Mitbewohner oder die Familienangehörigen müssen mit der Anschaffung und Pflege einer Bartagame einverstanden sein.

Zu bedenken sind auf alle Fälle die laufenden Kosten für den Unterhalt. Die einmaligen Anschaffungskosten für Terrarium und die aufwendige Technik müssen ebenfalls mit eingerechnet werden. Weiterhin stellt sich natürlich noch die Frage, ob man auch bereit ist, sich ein Tierleben lang um den neuen Mitbewohner zu kümmern.

Aufgrund ihrer Aktivität verfügen Bartagamen über einen hohen Stoffwechsel. So muss das Terrarium regelmäßig von den Ausscheidungen der Tiere gereinigt werden. Aber auch das Füttern und Sprühen stellt einen nicht zu unterschätzenden Zeitaufwand dar. Bereits vor dem Erwerb muss man sich im Klaren sein, dass man seine Bartis nicht mit in den Urlaub nehmen kann. Ist eine längere Urlaubsreise geplant, muss für die zeitweise Pflege eine Regelung gefunden werden.

» **Die Tochter des Autors mit einer Bartagame. Unter Aufsicht können bereits kleine Kinder die Tiere von Hand füttern.**

Diese Bartagame sonnt sich in den frühen Morgenstunden im Terrarium bevor die restliche Beleuchtung eingeschaltet wird. Die Urlaubsvertretung sollte auch in der Lage sein, ein defektes Leuchtmittel (Strahler) auszutauschen.

Auch wenn artgerecht gepflegte Tiere selten krank werden, kann es notwendig sein, im Ernstfall einen erfahrenen Tierarzt aufzusuchen, der oftmals mehrere hundert Kilometer weit weg praktiziert. Leicht können so Kosten entstehen, die ein Vielfaches der Anschaffungskosten betragen.

Bartagamen sind wahre Sonnenanbeter und es bekommt ihnen sehr gut, wenn sie die Möglichkeit haben, sich in den Sommermonaten einmal auf dem Balkon oder der Terrasse zu sonnen. Gerade Kinder sind von diesen bärtigen Drachen begeistert. Obwohl man die Tiere gelegentlich auf die Hand setzen kann und diese sehr zutraulich werden, eignen sie sich nicht als Streicheltier. Hier ist auf alle Fälle Kontrolle angesagt, damit die Tiere nicht unter Stress leiden.

Wer Tiere gerne beobachtet und Freude an der Pflege eines Terrariums hat, wird in Bartagamen die idealen Haustiere finden.

ERFOLGSTIPP

Bartagamen sind auch für Allergiker geeignet, da sie nachweislich keinerlei Allergien bei Menschen auslösen und nicht als Krankheitsüberträger gelten.

Aufmerksam beobachtet diese Bartagame den Pfleger, der gerade fotografiert.

Gesetzeslage

Aus Australien dürfen seit vielen Jahren keine Tiere mehr ausgeführt werden. Alle bei uns käuflichen Bartagamen sind Nachzuchttiere, welche meist in Deutschland oder Amerika gezüchtet werden. Die Bartagamen unterliegen keinem Schutzstatus und müssen demnach auch nicht bei der zuständigen Behörde gemeldet werden.

Trotzdem gilt wie für alle anderen Tiere auch das Tierschutzgesetz. Dieses besagt eindeutig, dass derjenige, der ein Tier hält, pflegt oder zu betreuen hat, ihm eine artgerechte Ernährung, Unterbringung und Bewegungsfreiheit zusichern muss. Zuwiderhandlungen können mit einer hohen Geldstrafe und der Beschlagnahmung der Tiere geahndet werden.

Bartagamen und andere Haustiere

Solange die Bartagamen sich im Terrarium befinden, stellt es kein Problem dar, wenn auch noch Hund oder Katze im Haushalt leben. Diese sollten aber nicht ständig Zugang zu dem Terrarium haben. Hund und Katze sehen die Bartagamen nämlich als Futter oder gern willkommenes Spielzeug an. Die Agamen stehen so ständig unter Stress und versuchen zu flüchten, was ja in dem beengten Lebensraum Terrarium nur sehr schwer möglich ist. Zu größeren Schwierigkeiten könnte es allerdings kommen, wenn man die Bartis in den warmen Sommertagen mit auf den Balkon oder die Terrasse nimmt. Selbst, wenn sie in einem Drahtkäfig untergebracht werden, sind sie nur bedingt vor Hund und Katze sicher. Gerade größere Hunde oder Katzen springen gerne auf den Käfig der Bartagamen oder werfen ihn sogar um. Während der Zeit des Sonnens sollten unsere Bartagamen immer ungestört sein und beaufsichtigt werden.

Meine persönliche Checkliste

- Bin ich bereit die Tiere ein Leben lang zu pflegen?
- Die Anschaffungskosten und Unterhaltskosten für Terrarium und Technik sind nicht zu unterschätzen.
- Sind alle Mitbewohner mit der Pflege von Bartagamen einverstanden?
- Bin ich bereit, die Tiere artgerecht zu pflegen und zu ernähren?
- Die nötige Pflege der Tiere nimmt etwas Zeit in Anspruch und muss regelmäßig ausgeführt werden.
- Kann für eine geplante Urlaubsreise ein geeigneter Ersatzpfleger gefunden werden?
- Trotz ihrer Anhänglich- und Zutraulichkeit sind sie keine Schmusetiere.

Typisches Abwehrverhalten von Bartagamen

» **Ein großzügig dimensioniertes Terrarium für Bartagamen. Dieses Bild wurde in der Abenddämmerung aufgenommen, weshalb der rechte Bereich nur noch schwach beleuchtet ist.**

Hat man sich nun nach reiflicher Überlegung zur Pflege einer oder mehrer Bartagamen entschieden, muss ein geeignetes Terrarium samt Einrichtung angeschafft werden. Als Erstes ist hier die Größe des Terrariums zu beachten. Das Bundesministerium für Landwirtschaft und Forsten ließ im Jahre 1997 ein Gutachten über die Mindestanforderungen an die Haltung von Reptilien erstellen. Neben einigen anderen Vorgaben regelt es unter anderem die Mindestgröße von Terrarien. Diese bezieht sich immer auf eine paarweise Pflege der ausgewählten Tiere. Für unsere Bartagamen bedeutet dies, dass das Terrarium für größere Arten Mindestmaße von 1,5 m x 0,8 m x 0,8 m aufweisen muss und für die Zwergbartagamen Maße von 1,2 m x 0,7 m x 0,7 m haben sollte. Für jedes weitere Tier müssen 15 % der Grundfläche dazu addiert werden. Dies stellt aber nur eine Richtlinie dar. Grundsätzlich muss gesagt werden, je größer, desto besser. Viele Pfleger von Bartagamen bauen sich ohnehin ihr Terrarium selbst.

Gern verwendete Baustoffe sind Spanplatten oder Siebdruckplatten (beide werden auf Maß in fast allen Baumärkten zugesägt), die sich leicht verschrauben lassen. Werden noch Glasführungsprofile angeklebt und Lüftungsgitter ausgesägt, ist das neue Terrarium schon fast fertig. Vom Glaser lässt man sich noch die benötigten Scheiben zuschneiden und auch gleich die Kanten schleifen, um Verletzungen vorzubeugen.

Aluminiumprofile sind der neueste Trend im Terrarienbau. Diese leichten Vierkantrohre werden mittels steckfertigen Eckverbindern zusammengefügt. Ein Steg ermöglicht hierbei das Montieren der Terrarienwände. Selbst für die Glasscheiben stehen fertige Profile zur Verfügung. So müssen auch hier nur noch die Glasscheiben eingepasst werden. Im Internet findet man bereits fertige Aluterrarien als Bausatz, die komplett zu einem nach Hause geliefert werden. Viele Zimmertüren sind nur 78 cm breit. Oftmals ist es nicht möglich, das fertige Terrarium in das gewünschte Zimmer zu transportieren, sondern es muss vor Ort aufgebaut werden.

» **Spanplattenterrarium zur Aufzucht von jungen Bartis. Diese gibt es teils sogar fertig im Handel zu kaufen.**

GUT ZU WISSEN

- Nur ein ausreichend großes Terrarium ermöglicht den Tieren ein artgerechtes Verhalten. Hier gilt stets: Es kann nicht groß genug sein.
- Stellen Sie das Terrarium an einem ruhigen Platz auf.
- Ein Standort in der Nähe eines Fensters kann schnell zur Überhitzung des Terrariums führen. Gegen einen hellen Standort hingegen ist nichts einzuwenden.
- Ein zweites Terrarium, hier eignet sich vor allem ein Hasenfreilaufgehege bei dem zwei Seiten mit einer Holzplatte verkleidet werden, um Zugluft zu vermeiden, kann als Sonnenterrarium auf der Terrasse oder dem Balkon dienen. Auch hier muss stets ein Schattenplatz und Trinkwasser vorhanden sein.
- Große Terrarien sind sehr sperrig und schwer. Deren Transport stellt oftmals ein erhebliches Problem dar.
- Besitzt man mehr als ein Bartagamenterrarium, so sind diese stets so aufzustellen, dass sich die Tiere nicht gegenseitig sehen und dadurch stören können.

Heizung und Beleuchtung

Wärme und Licht spielt eine entscheidende Rolle im Leben von Bartagamen. In der Natur suchen sie Stellen auf, die ihnen die nötige Wärme und Licht bieten oder als Schattenplatz dienen. Als tagaktive Bewohner Australiens benötigen sie zu ihrem Wohlbefinden ein sehr hell beleuchtetes Terrarium. Die im natürlichen Lebensraum herrschenden Lichtverhältnisse lassen sich im Terrarium ohnehin kaum verwirklichen.

» Ein solches Terrarium mit einer ausreichenden Sandfüllung und den vielen Steinen bringt, inklusive dem Eigengewicht des Terrariums, mehrere hundert Kilo auf die Waage.

» **In einem Terrarium ist es uns leider nicht möglich, so gute Lichtverhältnisse nachzuahmen, wie sie die Tiere in der Natur vorfinden.**

Zur Bildung des nötigen körpereigenen Vitamins D3 (wird zum Knochenaufbau benötigt), sind die Tiere auf eine ausreichende Versorgung mit UV-Licht angewiesen. Leuchtmittel, welche in Bartagamenterrarien eingesetzt werden, müssen deshalb über eine hohe Menge an UVA und UVB Anteilen im Licht verfügen. Für die Grundbeleuchtung von Bartagamenterrarien haben sich die unterschiedlichsten Leuchtstoffröhren als zweckmäßig erwiesen.

Hier sind vor allem die Röhren mit einem hohen Anteil an UV Strahlen gut geeignet. Diese wirken allerdings nur in einer Entfernung von 20 bis 40 cm. Weiterhin finden noch HQL und HQI Strahler Verwendung in der Terrarienbeleuchtungstechnik. Leider werden diese beiden Leuchtmittel in den letzten Jahren nur noch mit UV-Licht undurchlässigen Glaskörpern produ-

» **HQI Strahler eignen sich sehr gut zur Beleuchtung von Bartagamenterrarien. Zusätzlich geben sie noch viel Wärme ab.**

» **Als Grundbeleuchtung für Bartagamenterrarien eignen sich besonders gut Leuchtstoffröhren mit einem UV-Anteil.**

» **Spotbirnen bieten den Tieren den idealen Wärmeplatz. Können die Tiere die Leuchtmittel erreichen, verwendet man einen Schutzkorb.**

ziert. Geringe Mengen von UV Anteilen sind noch bei HQL Leuchtmitteln (Mischlichtlampen) vorhanden.
Eine ausreichende Versorgung mit UV-Licht lässt sich meist nur durch die gezielte Bestrahlung der Tiere sicherstellen. Allen voran sei hier der von OSRAM hergestellte Ultravitalux-Strahler genannt. Dieser mit 300 Watt Leistung sehr starke UV Strahler darf selbst nach einer Eingewöhnungszeit von mehreren Wochen (hier wird die Bestrahlungsdauer langsam gesteigert) nicht länger als 40 Minuten in Betrieb sein, um Haut- und Augenschäden bei den Tieren zu vermeiden. Idealerweise wird dieser über eine Zeitschaltuhr während der Mittagsstunden in Betrieb gesetzt. Viele Terrarien verfügen aber nicht über eine Höhe von über einem Meter, sodass der erforderliche Mindestabstand von einem Meter zu den Tieren nicht eingehalten werden kann.
Eine Neuheit in der Terraristik sind Spotbirnen, die ähnlich wie der Vitalux eine ausreichende Menge an UV-Licht abgeben, allerdings bei einer niedrigeren Wattstärke. So kann auch der Abstand zu den Tieren verkürzt werden. Sie eignen sich auch für niedrigere

» **Nur wenn Temperatur und Lichtverhältnisse ausreichend gut sind, ist eine Bartagame so gesund und munter wie diese.**

Terrarien, müssen aber nach einer Zeit von sechs Monaten ausgetauscht werden, da ein Großteil der UV Strahlung zwischenzeitlich verloren ging.

Um den Körper auf die gewünschte Temperatur zu bringen, nehmen Bartagamen ein ausgedehntes Sonnenbad. Nur in Verbindung mit Licht nehmen sie die Wärmequelle auch war. Deshalb sind hier Dunkel- oder Elsteinstrahler nur bedingt geeignet. Idealerweise werden hier Spotstrahler (eventuell auch welche mit UV Anteil) verwendet. Unter den Spotstrahlern sollten Temperaturen von bis zu 45 °C erreicht werden. In der Natur weichen die Tiere der Wärme aus, wenn sie ihren Körper auf Vorzugstemperatur gebracht haben. Damit dies auch im Terrarium möglich ist, muss ein Temperaturgefälle vorhanden sein. Zweckmäßigerweise bringt man den Wärme- und UV Strahler in einem Drittel des Terrariums an, sodass sich dort die Tiere ausgiebig sonnen können. Wird es zu warm, können sie sich in den kühleren Teil zurückziehen.

In der Natur wird der Sand von den starken Sonnenstrahlen erwärmt. Eine solche Stelle im Sand suchen unsere Bartagamen gerne auf, vor allem nach der Nahrungsaufnahme. Wird die Hitze zu groß, versuchen Bartagamen sich einzugraben. Im Terrarium mit einer

Heizmatte würden sie ja so immer weiter in Richtung Wärmequelle graben. Füllt man über der Heizmatte oder dem Heizkabel (dieses ist nicht so gut geeignet) nur eine dünne Schicht Bodengrund ein, versuchen die Tiere es meist hier nicht, sondern suchen eine Stelle auf, an der der Bodengrund ausreichend hoch ist. Steine mit einer eingebauten Heizung (heiße Steine) finden auch in Bartagamenterrarien Anwendung. Deren Funktion und die erreichte Temperatur müssen allerdings vorher genau überprüft werden, damit sich die Tiere an diesen nicht verbrennen können.

GUT ZU WISSEN

- Für alle Spotglühbirnen und UV-Strahler müssen zur Sicherheit der Elektroinstallation Keramikfassungen und hitzebeständige Kabel verwendet werden.
- Alle heißen Leuchtmittel werden so angebracht, dass sie von den Tieren nicht erreicht werden können oder man sichert sie mittels eines Schutzkorbes aus Draht.
- Zu viel UV-Licht kann genauso schädlich sein wie zu wenig.
- Elektrische Geräte, die nicht steckerfertig sind, dürfen nur von einer Fachkraft angeschlossen werden.
- Glasscheiben filtern das UV Licht aus. Deshalb müssen UV Leuchtmittel immer direkt im Terrarium installiert werden.
- Die Tiere dürfen sich bei Leuchtstofflampen nicht zwischen Leuchtmittel (Röhre) und Leuchtenkörper zwängen können. Durch die Kraft der Tiere kann sonst leicht die Röhre zu Bruch gehen und die Tiere verletzen sich an den Glassplittern.
- Den Tieren immer einen Rückzugsplatz anbieten, damit sie den UV Strahlen und der Wärme ausweichen können.
- Minimum und Maximum Thermometer können gut zur Temperaturkontrolle eingesetzt werden.
- Mit einer Zeitschaltuhr lässt sich die tägliche Beleuchtungszeit auf 12 bis 14 Stunden leicht einstellen.
- Den Bodengrund über Heizkabeln oder Heizmatten nur sehr dünn einfüllen. Den Tieren aber eine Möglichkeit geben sich in die tieferen kühleren Bodenschichten einzugraben.
- Um einem Überhitzen des Terrariums vorzubeugen, wird für alle Heizquellen ein Thermostat verwendet.

In der Natur bewohnen unsere Pfleglinge meist sehr trockene Landstriche.

Luftfeuchtigkeit

Unsere zukünftigen Pfleglinge kommen aus einer relativ trockenen Gegend. So könnte man leicht meinen, dass die Luftfeuchtigkeit nur eine untergeordnete Rolle spielt. Gerade bei der starken Heizung und dem vielem Licht im Terrarium gewinnen die Luftfeuchtigkeitswerte wieder an Bedeutung. Durch die Heizung kann die Luft in den Terrarien extrem austrocknen. Im Verbreitungsgebiet herrschen Luftfeuchtewerte um die 30 bis 40 % während des Tages und steigen dann nachts auf 60 % an. Gerade junge Bartagamen neigen schnell dazu auszutrocknen, wenn man die Luftfeuchtigkeitswerte nicht genau einhält. Idealerweise wird morgens vor dem Einschalten der Beleuchtung oder abends kurz vor dem Ausschalten der Beleuchtung das Terrarium leicht übersprüht. Um Verdunstungskälte zu vermeiden, verwendet man angewärmtes Wasser mit circa 45 °C. Die Bartagamen nehmen dann häufig die Wassertropfen, die sich an den Einrichtungsgegenständen sammeln, auf. Staunässe ist auf alle Fälle zu vermeiden, genauso wie ein ständig feuchter Bodengrund. Hierdurch könnte eine Erkrankung unserer Bartagame gefördert werden.

GUT ZU WISSEN

- **Auch in der Natur schwankt die Luftfeuchtigkeit. Die Werte im Terrarium sollten auch hier geringfügigen Schwankungen unterliegen.**
- **Werte über 60 % Luftfeuchte sind zu vermeiden. Außer kurz nach dem Sprühen, wo die Werte auch über diese Grenze hinweg ansteigen können.**
- **Nur angewärmtes Wasser versprühen, um Verdunstungskälte zu vermeiden.**
- **Ein kleiner Teil des Bodengrundes darf ruhig etwas feucht, aber nicht nass sein. Dieser Bereich sollte aber innerhalb von maximal zwei Tagen abtrocknen können.**
- **Viele Bartagamenpfleger geben ihren Tieren auch die Möglichkeit von einer Pipette oder Nippeltränke Wasser aufzunehmen. Bereits nach kurzer Zeit haben sie diese Art der Wasseraufnahme gelernt und kommen bereitwillig zu der Wasserzapfstelle.**

Ein Bodengrund, wie hier auf dem Foto, trocknet schnell, kann aber mit etwas Wasser an einer Stelle über mehrere Tage feucht gehalten werden.

Bodengrund

Aufgrund ihrer Lebensweise haben unsere Bartis ständigen Kontakt mit dem Bodengrund. Daher muss auch auf diesen ein besonderes Augenmerk gelegt werden. In der Natur überwiegen Sand oder sandige Erdegemische mit kleineren Steinen bis hin zu Geröll. Als Bodengrund in Terrarien dient überwiegend Sand. Hier kann Spielsand oder spezieller Terrariensand (aus dem Zoohandel) verwendet werden. Aber auch ein Gemisch aus Sand und Lehm oder Sand und Erde lässt sich bedenkenlos einsetzen. Wie ja bereits gehört, graben unsere Tiere gerne im Bodengrund. Teilweise legen sie sogar richtige Röhren und Gänge an. Um ihnen dies zumindest teilweise auch im Terrarium zu ermöglichen, sollte wenigstens ein Teil (circa ein Drittel der Bodenfläche) mit Bodengrund in einer Höhe von 20 cm oder mehr ausgestattet sein. Ein besonders grabfähiges Substrat lässt sich herstellen, indem man Lehm und Sand im Verhältnis von 1:1 vermischt. An einer Stelle darf der Bodengrund auch leicht feucht sein. Diese werden die Tiere gerne aufsuchen, um der Hitze aus dem Weg zu gehen oder sich einzugraben.

» Für junge Bartagamen hat sich feiner nicht scharfkantiger Sand als äußerst zweckmäßig erwiesen.

GUT ZU WISSEN

- **Hobelspäne oder Nagereinstreu ist für Bartagamen als Bodengrund nicht geeignet. Beim Fressen dieses Substrates kann es leicht zu einer tödlichen Verstopfung kommen.**
- **Scharfkantiger Kies oder Sand führt zu Verletzungen der Bauchschuppen.**
- **Zur Eiablage benötigen die Tiere eine mindestens 20 cm hohe, leicht feuchte Bodenschicht.**
- **Will man aus Gewichtsgründen nicht das ganze Terrarium mit einer 20 cm hohen Sandschicht auffüllen, kann man auch eine Kiste mit ausreichend Substrat in das Terrarium stellen. Als sehr gut hat sich erwiesen, wenn mit großen Steinen ein Teil abgetrennt wird, der dann mit dieser hohen Sandschicht aufgefüllt wird.**

» Im Handel gibt es eine große Auswahl an unterschiedlichen Sanden. Da Bartagamen gelegentlich diesen auch fressen, sollten Sie nur Sand verwenden, der für Bartagamen geeignet ist.

» Klettermöglichkeiten gehören zur Grundausstattung eines Bartagamenterrariums.

Einrichtung

Ähnlich wie bei der Beleuchtung, so ist auch die Einrichtung des Terrariums von entscheidender Bedeutung bei der Pflege von Bartagamen. Denn in dem künstlichen Lebensraum müssen die Tiere ja ihr ganzes Dasein verbringen. Nur wenn die Tiere ihren natürlichen Verhaltensweisen nachgehen können, lassen sie sich auf Dauer in einem Terrarium pflegen. Hierzu gehört unter anderem, dass ausreichend Versteckplätze vorhanden sind. Ebenso müssen Sonnenplätze eingerichtet werden, an denen sich die Tiere auf erhöhten Ästen oder Steinen präsentieren können. Pflegt man mehr als eine Bartagame, müssen für rangniedere Tiere Rückzugsmöglichkeiten geschaffen werden. Nicht zuletzt ist die Gestaltung der Rück- und Seitenwände anzusprechen. Hierdurch wird den Tieren eine zusätzliche Klettermöglichkeit gegeben und das Terrarium lässt sich als naturnaher Lebensraumausschnitt gestalten. Denn nur, wenn auch dem Pfleger selbst das Bartagamenterrarium gefällt, wird er lange Freude an diesen interessanten Tieren haben.

Für die Gestaltung der Rückwand gibt es sehr viele Möglichkeiten. Diese beginnen beim einfachen Bekleben mit Kork und reichen bis hin zu einer selbst modellierten Rückwand aus Styropor und Fliesenkleber. Verwendet man die fertig gepressten Korkplatten, so sind von vornherein der Gestaltung Grenzen gesetzt. Mit einigen Stücken der Korkeiche lassen sich aber auch hier zusätzliche Ablagen und Klettermöglichkeiten einbauen. Neben den Korkrückwänden gibt es auch bereits fertige Rückwände aus Epoxydharz, die allerdings meist nur in den Standardgrößen der Terrarien gefertigt werden und sehr teuer sind.

Mit Silikon wird das strukturierte Styropor an die Wände geklebt. Felsen lassen sich auch mittels Bauschaum modellieren.

Danach wird das Ganze mit Fliesenkleber (Flexkleber) grob überzogen. Wird dieser Arbeitsschritt in mehreren Etappen ausgeführt, so gelingt es leichter.

Mit nassen Händen lässt sich die letzte Oberfläche leicht glätten und formen.

Im Anschluss wird die Oberfläche noch mit farbiger Fugenmasse gestaltet. Vermischt man mehrere Farben so entsteht ein natürlich wirkender Kunststein.

Ausschnitt aus dem fertigen Terrarium, das wie zuvor beschrieben gestaltet wurde.

Wer sich etwas mehr Arbeit machen möchte, gestaltet die Wände des Terrariums selbst. Dies ist nicht schwierig und sogar Kinder können dabei mithelfen. Mit Silikon werden die Styroporplatten, die vorher strukturiert wurden, an die Seitenwände und an die Rückwand geklebt. Mit einem Lötkolben oder Heißluftfön kann man das Ganze nochmals etwas angleichen. Um die Oberfläche auf Dauer haltbar zu machen, muss diese noch mit Fliesenkleber überzogen werden. Damit die fertige Felswand keine Risse bekommt, empfiehlt sich die Verwendung von Flexkleber für Fliesen. Eine Stärke von mindestens zwei Zentimetern, des Fliesenklebers, sollte auf alle Fälle eingehalten werden. Bringt man mehrere dünne Lagen, bis zu vier Stück nacheinander auf, gelingt das Modellieren sehr gut. Da der ausgehärtete Fliesenkleber wenig mit der Farbe einer Felslandschaft gemeinsam hat, kann dieser entweder mit Abtönfarben gefärbt werden oder man bringt nach dem Abtrocknen noch eine Schicht farbige Fugenmasse auf. Oftmals wird noch empfohlen, eine Sandschicht auf den frischen Fliesenkleber zu geben. Davon kann ich nur abraten, die Steine und Felsen in der Natur sind auch nicht von einer rauen Schicht überzogen, sondern wurden durch Wind und Wasser geschliffen. Auch die Reinigung kann sich aufgrund der rauen Oberfläche als äußerst schwierig gestalten.

» **Ein ideales Versteck. Um ein Verrutschen zu verhindern, wurde der Stein mit Silikon fixiert.**

Nachdem die Rückwand eingebaut wurde, müssen noch einige Verstecke und Klettermöglichkeiten für die Tiere geschaffen werden. Verstecke aus Steinen und Steinplatten müssen immer direkt auf dem Terrarienboden aufgebaut werden, damit sie nicht einstürzen können. Hierzu kann man die Steine auch verschrauben oder man klebt sie mit Silikon zusammen. Solche Steinaufbauten können allerdings sehr schwer werden und lassen sich dann zu Reinigungszwecken nur schwierig aus dem Terrarium nehmen. Ähnlich wie unsere Rückwand kann man auch künstliche Steine aus Styropor und Fliesenkleber bauen. Gleich, ob man sich nun für die echte oder die künstliche Variante entscheidet, die Steine werden immer so angeordnet, dass sie den Bartis Sichtschutz geben und das Terrarium strukturieren (in Aktivitätsbereiche unterteilen).

» **Dieses Männchen hat es sich auf den Ästen gemütlich gemacht. Von hier aus kann er die ganze Umgebung beobachten.**

Ranghohe Tiere sitzen gerne auf einem erhöhten Ast. Selbst in der Natur klettern Bartagamen auf Holzpfähle und Telegrafenmasten. Als Kletteräste im Terrarium eignen sich vor allem Holzarten mit einer rauen Rinde, wie beispielsweise Äste der Korkeiche. Aber auch einheimische Gehölze können verwendet werden. Zum Beispiel seien hier Äste von Obstbäumen, Eiche und Buche genannt.

Soll das Terrarium mit echten Pflanzen noch zusätzlich gestaltet werden, stößt man gleich auf mehrere Probleme. Erstens müssen die hohen Temperaturen von den Gewächsen vertragen werden. Viele mögen hier sofort an Kakteen denken. Da sie stark mit Stacheln besetzt sind, eignen sie sich nicht für das Bartagamenterrarium, unsere Tiere könnten sich daran erheblich verletzen. Gut geeignet sind sogenannte Trockengräser. Fernerhin dürfen Terrarienpflanzen keinenfalls giftig sein, da ja unsere Bartis auch an den Blättern knabbern. Aber der Gärtner um die Ecke wird einem sicherlich mit Rat und Tat zur Seite stehen, wenn es um geeignete Terrarienpflanzen geht. Will man künstliche Pflanzen verwenden, müssen diese so robust sein, dass sie von den Tieren nicht angefressen werden können.

Lebende Pflanzen werden nie vor Bartagamen sicher sein. Immer wieder versuchen sie, diese zu fressen, ihnen Blätter auszureißen oder sie auszugraben.

Obwohl Bartagamen nicht häufig aus einer Wasserschüssel trinken, sondern überwiegend Flüssigkeit nach dem Sprühen aufnehmen, muss stets eine kleine Schüssel mit frischem Wasser im Terrarium stehen.

GUT ZU WISSEN

- Trotz aller Einrichtungsgegenstände und Pflanzen müssen die Tiere noch genügend Bewegungsraum zur Verfügung haben.
- Die Tiere dürfen sich an den Einrichtungsgegenständen nicht verletzen können.
- Eine gute Strukturierung ist erforderlich, damit rangniedere Tiere ausweichen können.
- Trockene Grasbüschel eigenen sich gut als zusätzlicher Sichtschutz.
- Alle Stoffe, die zur Rückwand- und Terrariengestaltung dienen (auch Kunstpflanzen), dürfen keine giftigen Stoffe abgeben.
- Das Trinkgefäß darf nur so tief sein, dass die Bartagamen mit dem Kopf leicht über den Rand kommen.
- Obwohl Bartagamen sehr selten baden, sollte das Trinkgefäß so groß sein, dass sie sich auch einmal hineinsetzen können.

Künstliche Pflanzen sind sehr dekorativ und bedürfen keiner Pflege. Selbst bei den Kakteen sind die Stacheln weich und nicht gefährlich für die Tiere.

Erwerb der Tiere

Endlich ist das Terrarium fertig vorbereitet und auch mindestens eine Woche Probe gelaufen. In dieser Zeit wurden alle Klimaparameter nochmals genau überprüft und die Futterbeschaffung wurde sichergestellt.

Nun stellt sich aber die Frage, woher bekomme ich meine neuen Mitbewohner und wie lässt sich erkennen, dass diese auch gesund und munter sind. Zwischenzeitlich werden Bartagamen in fast jedem Zoofachgeschäft und sogar schon in Baumärkten zum Kauf angeboten. Egal, in welchem Geschäft man die Tiere erwirbt, gilt immer eine Grundregel: Wenn sich der Verkäufer nicht mit den Tieren auskennt, sollten wir vom Kauf Abstand nehmen, da diese dann vermutlich schon in der Verkaufsanlage falsch gepflegt wurden. Eine der besten Möglichkeiten ist es, seine Bartis bei einem Züchter zu erwerben. Holt man die Tiere bei ihm persönlich ab, kann man normalerweise auch die Elterntiere und die Terrarien sehen. So lässt sich schnell erkennen, ob die Tiere artgerecht gepflegt und ernährt werden. Auch auf einer der zahlreichen Reptilienbörsen wird man fündig werden, denn hier gibt es regelmäßig Nachzuchten von *Pogona vitticeps* und *Pogona henrylawsoni* zu kaufen. Oftmals sind hier Händler unterwegs, die nur auf Profit aus sind und keine Ahnung von den Tieren haben. Schaut man sich aber den Verkäufer genau an und versucht in einem Gespräch Informationen über die Tiere zu erhalten, wird man schnell feststellen, ob er kompetent ist. Leider werden auch im Internet Reptilien zum Kauf angeboten. Obwohl diese oftmals um einige Euro günstiger sind als beim Züchter oder im Zoofachgeschäft um die Ecke, stellt deren Erwerb immer ein Problem dar. Erstens kann man die Verkaufsanlage nicht besichtigen und sieht so nicht, ob die Bartagamen dort artgerecht untergebracht sind. Zweitens fehlt der persönliche Kontakt zum Verkäufer, der einem oftmals noch einige gute Tipps mit auf den Weg gibt.

» Ausschnitt aus der Terrarienanlage eines Zoofachgeschäftes. Die Verkaufsanlage hier befindet sich in einem sehr gepflegten Zustand.

Meine Checkliste

» Hält der Verkäufer das Tier, wie hier, auf der Hand, so kann man aus der Nähe gut den Gesundheitszustand überprüfen.

- Adressen von Bartagamenzüchtern lassen sich über die DGHT finden.
- Lassen Sie sich bei der Auswahl der Tiere viel Zeit.
- Das Verkaufsterrarium muss sauber und artgerecht eingerichtet sein.
- Junge Bartagamen sollten beim Kauf mindestens zwei Monate alt sein. In diesem Alter sind sie futterfest und es kommt gewöhnlich nicht zu Schwierigkeiten beim Umsetzen in ein anderes Terrarium.
- Da sich die Geschlechter bei Jungtieren nur sehr schwer oder nicht sicher bestimmen lassen, sollte wer mehr als ein Tier pflegen möchte, drei bis vier Tiere erwerben.
- Besteht die Möglichkeit, die Bartis bei der Nahrungsaufnahme zu beobachten, so sollte dies auf alle Fälle wahrgenommen werden. Gesunde und muntere Tiere werden stets bereit sein etwas zu fressen.
- Oftmals zittern junge Bartagamen bei der Jagd nach Heimchen, dies ist keine Krankheit, sondern nur durch die Jagdaufregung bedingt.
- Die Tiere müssen sich in einem guten Ernährungszustand befinden.
- Geschwollene Gliedmaßen können Anzeichen von Brüchen oder einer Erkrankung sein.
- Zieht man vorsichtig an der Kehlhaut, so öffnen die Bartagamen das Maul. Ist ein weißlicher, käsiger Belag oder zäher Schleim zu erkennen, deutet dies auf eine Erkrankung hin.
- Ein Nasenausfluss oder Atemgeräusche deuten auf eine Lungenentzündung hin.
- Es dürfen keine Knötchen oder Geschwülste unter der Haut zu erkennen sein.
- Die Kloake der Tiere muss sauber sein und darf keine Verkrustungen aufweisen.
- Besonders in den Hautfalten der Kehlhaut und im Kloakenbereich sitzen die lästigen Milben oder Zecken.
- Kleine Wunden, abgebissene Zehen und Schwanzspitzen sind kein Grund, das Tier nicht zu erwerben, solange die Wunden gut verheilt sind. Meist kommt es zu diesen Verletzungen, da zu viele Tiere oder mehrere Männchen gemeinsam in einem Terrarium gepflegt werden und unterlegene Tiere sich nicht zurückziehen können.
- Häutungsreste deuten meist auf falsche Klimaparameter hin. Dies gibt sich aber, wenn die Tiere bei den richtigen Klimawerten gepflegt werden.
- Wer ein Pärchen gemeinsam in einem Terrarium pflegen möchte, sollte um Inzucht zu vermeiden, nur blutsfremde Tiere erwerben.

Transport

Hat man sich nun nach reiflicher Überlegung für eine oder auch mehrere Bartagamen entschieden, müssen diese noch wohlbehalten in das neue Zuhause transportiert werden. Jungtiere werden meist in Heimchendosen, welche mit Küchenkrepp ausgelegt wurden, gesetzt. Größere Tiere bringt man idealer Weise in Leinensäckchen unter, die mittels Klebeband verschlossen werden. Um den Tieren unnötigen Stress zu vermeiden, sollten sie immer einzeln eingepackt werden.

Einem Auskühlen oder Überhitzen im Auto kann man vorbeugen, wenn man die Bartagamen in einem thermostabilen Transportgefäß oder einer Styroporkiste transportiert. Besonders während der kalten Jahreszeit packt man zusätzlich noch eine Wärmflasche mit temperiertem Wasser ein oder gibt einen sogenannten Heatpack mit in die Transportkiste. Sind die Tiere für einen längeren Nachhauseweg in diesen Transportgefäßen, muss auf eine ausreichende Frischluftzufuhr geachtet werden.

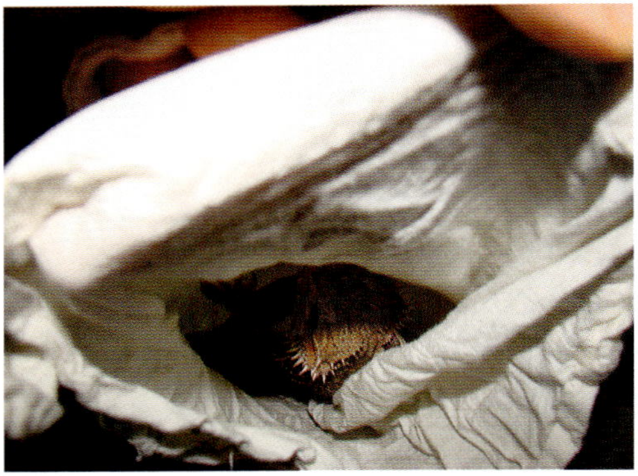

Behutsam wird die Bartagame in einem Leinensack verpackt.

Um ein Entweichen zu verhindern, wird er entweder zugebunden oder mit Klebeband verschlossen.

Die Styroporkiste schützt vor Licht (so sind unsere Tiere während des Transports ruhig), vor Zugluft oder Auskühlung.

GUT ZU WISSEN

- Tiere immer einzeln verpacken.
- Sichtkontakt der Tiere während des Transports vermeiden.
- Vor Auskühlung und Überhitzung schützt ein thermostabiler Transportbehälter.
- Zugluft ist unbedingt zu vermeiden.
- Auf ausreichende Frischluftzufuhr achten.

Quarantäne

Ein Quarantäneterrarium ist ein Muss. Es dient als Aufenthaltsort der neuen Mitbewohner für die ersten Wochen. In diesem sporadisch eingerichteten Terrarium lassen sich die Tiere während der ersten Zeit gut beobachten. Auch die Ausscheidungen können leicht kontrolliert werden. Und sollten die Tiere wider Erwarten doch krank sein, so gelingt eine Behandlung in einem einfachen und sterilen Terrarium viel leichter als in einem voll eingerichteten.
Wie soll aber nun so ein Terrarium aussehen und wie groß muss es sein?

» Einfach eingerichtetes Quarantäneterrarium für junge Bartagamen.

» **Dieses Jungtier hat die Quarantänezeit bereits hinter sich und bewohnt ein natürlich eingerichtetes Terrarium.**

» **Nur, wenn sich eine Krankheit ausschließen lässt, dürfen die Tiere in ihr eigentliches Terrarium umziehen.**

Je nachdem, ob man Jungtiere oder schon adulte, ausgewachsene Bartagamen erwirbt. Für kleine Bartis genügt ein Terrarium von 60 bis 80 cm Kantenlänge. Adulte Tiere benötigen auch während er Quarantänezeit ein Becken mit mindestens einem Meter Kantenlänge. Auf alle Fälle genügt es, dieses Quarantäneterrarium nur sehr einfach einzurichten. Als Bodengrund dient idealerweise Küchenkrepp oder altes Zeitungspapier (hier ist die Druckfarbe nicht mehr frisch, und die Chemikalien haben sich verflüchtigt). Ein Ast zum Klettern, einige Steine und Unterschlupfmöglichkeiten vervollständigen die Einrichtung. Die restliche Ausstattung, wie Wasserbecken, Heizung und Beleuchtung muss wie beim eigentlichen Terrarium sein.

Baldmöglichst werden frische Kotproben genommen, um diese von einem Tierarzt oder einem veterinärmedizinischen Institut untersuchen zu lassen. Erst, wenn die Kotproben der Tiere mindestens zweimal in einem Abstand von 14 Tagen als negativ (das heißt, es wurden keine Parasiten gefunden) eingestuft wurden und sich keine Milben oder Zecken an den Tieren erkennen lassen, dürfen sie in ihr eigentliches Terrarium umziehen.

Ein solches Quarantäneterrarium zu besitzen, ist nie verkehrt. Denn sollte es auch nach längerer Zeit einmal zu einer Erkrankung eines Tieres kommen, hat man immer noch ein Ausweichterrarium zur Verfügung. Es kann aber auch zur Aufzucht von Jungtieren verwendet werden.

GUT ZU WISSEN

- **Eine Quarantänezeit muss unbedingt eingehalten werden. Oftmals ist eine Erkrankung erst nach einigen Tagen zu erkennen.**
- **Wer nicht die Möglichkeit hat, ein solches Becken einzurichten, muss für diese Zeit das eigentliche Terrarium umgestalten. So wird beispielsweise als Bodengrund Küchenkrepp verwendet und es verbleiben nur die nötigsten Einrichtungsgegenstände im Terrarium.**
- **Erst, wenn im Abstand von 14 Tagen beide Kotproben negativ sind, dürfen die Tiere in ihr eigentliches Terrarium umziehen.**
- **Bei vielen ortsansässigen Terrarienvereinen und Ortsgruppen der DGHT kann man sich ein solches Quarantäneterrarium auch ausleihen.**

Vergesellschaftung

Dieses Tier durfte nach einer Neustrukturierung des Terrariums mit großen Steinen als erstes einziehen. Sofort wurde ein erhöhter Platz besetzt.

Bartagamen sind in der Natur Einzelgänger. Nur zur Paarung finden sich die Tiere zusammen. Daher ist es nicht zwingend erforderlich, die Tiere paarweise oder in Gruppen zu pflegen. Allerdings werden sie nur in einer Gruppe das gesamte Verhaltensrepertoire zeigen. Mehrere Männchen lassen sich aufgrund der innerartlichen Aggressivität nicht gemeinsam in einem Terrarium unterbringen. Ein Männchen mit zwei bis drei Weibchen hingegen funktioniert meist ohne Probleme, wenn das Terrarium ausreichend groß und gut strukturiert ist. Versteckt sich ein Tier häufig, verfärbt es sich dunkel oder beteiligt sich nicht am Geschehen im Terrarium, wird es meist von den anderen Tieren stark unterdrückt. Das Einzige was hier hilft ist, dass man die Tiere trennt. Als noch schwieriger gestaltet es sich, wenn man zu einer bereits vorhandenen Bartagame oder in eine Gruppe ein weiteres Tier integrieren möchte. Um dem neuen Mitbewohner einen kleinen Vorteil zu verschaffen, kann man das Terrarium neu einrichten und strukturieren. Als Erstes darf nun für einige Stunden das neue Gruppenmitglied alleine in das Terrarium einziehen. Erst danach werden die alteingesessenen Bartagamen dazugesetzt. Besonders in der Anfangsphase der Vergesellschaftung sind die Tiere genau zu beobachten, um gegebenenfalls eingreifen zu können. Nicht immer muss sich die Vergesellschaftung als so schwierig erweisen. Bei vielen Züchtern kommt es zu keinerlei Problemen, wenn sie ein weiteres Weibchen zu einer bestehenden Gruppe setzen.

» Obwohl auch dieser Gecko ähnliche Lebensraumansprüche wie unsere Bartagamen hat, gelingt eine Vergesellschaftung in einem normalen Terrarium nicht.

Ein immer wieder häufig diskutierter Punkt ist die Vergesellschaftung mit anderen Arten. Verschiedene Arten oder auch Unterarten der Bartagamen sollten, um eine Bastardierung (Vermischung von Arten) zu vermeiden, nicht gemeinsam gepflegt werden.

Nur in sehr großen Anlagen, wie sie in Zoos zu finden sind, gelingt auch die Vergesellschaftung mit anderen Reptilien. Aber auch diese führt immer wieder zu Problemen. Unterlegene Tiere können ja in dem begrenzten Lebensraum Terrarium nicht auf Dauer flüchten.

Meist ist auch noch die Aktivitätszeit der Tiere unterschiedlich oder sie stehen zueinander in Nahrungskonkurrenz.

GUT ZU WISSEN

- Den Tieren schadet es nicht, wenn sie einzeln gepflegt werden. Sie zeigen dann aber nicht ihr gesamtes Verhaltensspektrum.
- Mehrere Männchen vertragen sich nicht untereinander und es kommt häufig zu Raufereien, bei denen viele Tiere ein Stück des Schwanzes oder sogar Zehen verlieren.
- Eine spätere Integration eines weiteren Tieres kann zu Schwierigkeiten führen.
- Eine Vergesellschaftung mit anderen Reptilien kann nur in Großanlagen versucht werden.
- Nur unterartgleiche Tiere pflegen, um eine Bastardierung zu vermeiden.

» Leider wird immer wieder versucht, Bartagamen gemeinsam mit anderen Tieren wie Geckos oder Skinken in einem Terrarium zu pflegen. Nur in Zoos sind die Anlagen ausreichend groß, um dies zu versuchen.

Ernährung

» **In der Natur ist die Nahrung von Bartagamen sehr abwechslungsreich.**

In der Natur sind Bartagamen Allesfresser, das heißt, dass sie sowohl tierische als auch pflanzliche Nahrung zu sich nehmen. Neben den verschiedensten Blättern, Gräsern und Blüten erbeuten sie auch Insekten, kleine Säugetiere und Vögel. Selbst vor anderen Reptilien machen sie nicht Halt. Der Anteil von pflanzlicher zu tierischer Kost ändert sich mit dem Alter der Bartis. Jungtiere sind auf einen wesentlich höheren Anteil an tierischer Nahrung angewiesen, bei adulten Tieren hingegen überwiegt der pflanzliche Nahrungsanteil.

Fertignahrungsmittel sollten nur in Notfällen eingesetzt werden, oder während des Urlaubs, wenn die Urlaubsvertretung nicht bereit ist, lebende Insekten zu verfüttern. »

» **Nur gut ernährte Futtertiere eignen sich als Futter für unsere Bartagamen.**

Immer häufiger werden in letzter Zeit im Zoofachhandel auch die unterschiedlichsten Fertignahrungsmittel für Bartagamen angeboten. Pellets, Feuchtfutter aus der Dose oder eingeweckte Insekten seien hier an erster Stelle genannt. Wenngleich auch einige Tiere diese Nahrungsmittel annehmen, ist doch deren Nährwert umstritten und es liegen keine Informationen über Zusatzstoffe oder Produktionsverfahren vor.
Als verantwortungsbewusster Pfleger von Bartagamen wird man stets versuchen, seine Tiere so naturnah wie nur möglich zu ernähren.

Tierische Nahrung

Hier dient in erster Linie das breite Angebot von Futterinsekten, das im Handel zu erwerben ist. Leider sind diese meist nur minderwertig ernährt oder die letzte Fütterung liegt einige Tage zurück. Damit sie für unsere Bartagamen auch nährstoffreich sind, werden sie einige Tage gut gefüttert, ehe sie selbst als Futter für unsere Bartis dienen. Geraspelte Möhren, Obststücke, Löwenzahn, aber auch tierische Eiweiße wie Hundeflocken oder Zierfischtrockenfutter sind als Futter für Insekten gut geeignet.
Grillen und Heimchen in den unterschiedlichen Größen eignen sich besonders zur Aufzucht der Jungtiere. Aber auch für adulte Bartagamen stellen

sie eine gern willkommene Abwechslung dar, da sie auch in der Natur häufig kleine Insekten und Spinnentiere erbeuten. Entkommene Futtertiere können einem durch ihr ständiges Gezirpe den Schlaf rauben und es lässt sich auch nicht ausschließen, dass sie sich in der Wohnung vermehren.
Die unterschiedlichen Formen und Größen der Heuschrecken sind ein gern genommenes Futtertier. Heuschrecken verfügen über einen hohen Nährwert, wenn sie wie oben beschrieben einige Tage angefüttert wurden. Entwichene Tiere werden auch nicht zur Plage in einer Wohnung und sterben nach einigen Tagen. Allerdings werden Heuschrecken sehr teuer gehandelt.

Schaben in den unterschiedlichen Größen werden von den Tieren gerne angenommen. Diese lassen sich auch gut von Hand oder mit der Pinzette verfüttern.

Des Weiteren werden von den Bartis gerne Schaben erbeutet. Für die Terraristik werden viele unterschiedliche Arten gezüchtet. Sie lassen sich über eine lange Zeit in einem Plastikgefäß mit Luftlöchern halten und können mit allerlei Gemüse und Katzentrockenfutter gesund ernährt werden. Gelingt ihnen aber die Flucht, werden sie schnell zur Plage in der Wohnung.
Nur gelegentlich sollten Mehlwürmer, Zophobas und Wachsmottenlarven verfüttert werden. Diese sind sehr fett und haben nur wenige Nährstoffe. Auch der Gehalt von lebenswichtigem Calcium (zum Knochenaufbau) ist sehr gering. Trächtigen Weibchen oder Tieren nach der Eiablage schadet es aber nicht, wenn sie gelegentlich diese als Nahrung bekommen.
Mäusebabys eignen sich aufgrund des Kalziumsanteils in ihren Knochen als willkommener Leckerbissen. Selbst eingefroren und wieder aufgetaut werden sie von den Bartagamen ohne Zögern angenommen.
In den Sommermonaten lassen sich auf abgelegenen Wiesen ohne großen Aufwand Heuschrecken fangen. Diese sowie die anderen auf der Wiese lebenden Spinnen und Insekten werden als Wiesenplankton bezeichnet und stellen ein hervorragendes Lebendfutter dar, da sie mit Blütenpollen behaftet sind und sich abwechslungsreich ernähren. Beim Fang dieser Insekten muss darauf geachtet werden, dass sich keine unter Schutz stehenden Tiere unter ihnen befinden.

Diese Bartagame hat eine Schabe erbeutet und lässt sie sich schmecken.

GUT ZU WISSEN

Futterinsekten sind lebende Tiere. Auch bei ihnen gilt das Tierschutzgesetz. Eine artgerechte Unterbringung, Versorgung aber auch Pflege muss ihnen demnach zuteil werden. Die Zucht von Insekten lohnt nur, wenn man viele Tiere zu füttern hat.

Gute tierische Nahrungsmittel

Eine regelmäßige Abwechslung bei den Futtertieren bekommt den Bartagamen sehr gut. Sind diese wohlgenährt, erhalten die Bartagamen wichtige Vitamine und Mineralien.

- **Grillen**
- **Heimchen**
- **Heuschrecken**
- **Schaben**
- **Gelegentlich Mäusebabys**
- **Wiesenplankton**

Pflanzliche Kost

Die Auswahl möglicher pflanzlicher Futtermittel für Bartagamen ist sehr groß. So eignen sich die unterschiedlichsten Kräuter, Blätter, Salate und reifes Obst. Durch die Aufnahme von pflanzlichem Futter werden die Tiere mit Ballaststoffen, Vitaminen und Flüssigkeit versorgt. Angebotenes Grünfutter muss immer frisch und frei von Pestiziden und Insektiziden sein. Gerade bei vielen im Handel angebotenen Früchten und Salaten werden die zulässigen Werte erheblich überstiegen. Wer einen Teil seines Grünfutters selbst sammelt, sollte diese nur in vom Verkehr abgelegen Wiesen tun und darauf achten, dass er keine geschützten Pflanzen für seine Tiere erntet.

Unter den Blättern, Blüten und Kräutern finden vor allem Löwenzahn (auch die gelbe Blüte), Vogelmiere, trockener Klee, Gänseblümchen und deren Blätter, Spitz- und Breitwegerich Verwendung. Einige Tiere nehmen auch Küchenkräuter wie beispielsweise Krausepetersilie oder Fenchelkraut gerne an.

Dies ist nur eine kleine Auswahl der möglichen pflanzlichen Kost. Alles Obst und Gemüse muss immer frisch und reif sein.

Salate und Gemüse kauft man entweder beim Biobauern oder man pflanzt sie selbst im Garten oder auf der Terrasse an. Gut eignen sich hier die Brunnenkresse, Endiviensalat, Feldsalat, Kopfsalat, Rucola, Karotten (geraspelt), Paprika (klein geschnitten), frischer Spinat, aber auch Zucchini und Gurke (beide klein geschnitten). Diese Liste könnte man noch beliebig fortsetzen. Ein jeder wird schnell selbst herausfinden, was seine Tiere noch gerne mögen. Es gibt aber auch einige Gemüse- und Salatsorten, die nicht verfüttert werden sollten. Hierzu zählen neben den Kohlsorten (diese können zu Blähungen führen) auch Auberginen.

Obst lässt sich das ganze Jahr über in ausreichender Menge beziehen. An Bartagamen darf nur reifes Obst, das frei von Pflanzenschutzmitteln ist, verfüttert werden. Gerne werden Äpfel, Aprikosen, Bananen, Wildbeeren, Erdbeeren, Weintrauben, Pfirsich, Kiwi und Papaya angenommen.

Gerade während der Wintermonate gestaltet sich die Ernährung mit frischem Grünfutter oftmals schwierig. Eine gute Möglichkeit ist es, während dieser Zeit den Tieren ab und zu frische Keimlinge anzubieten. In sogenannten kleinen Zimmergewächshäusern lassen sich Samenkörner von Kleie, Kresse und Weizen binnen weniger Tage heranzüchten. Sie dienen als ausgezeichnetes Ersatzfutter.

» **Die Blüten des Löwenzahns sind für die Tiere eine wahre Delikatesse, der sie nur selten widerstehen.**

» **Obst und Gemüse wird den Tieren immer klein geschnitten angeboten.**

BEACHTE BEI PFLANZLICHER KOST

- Alle pflanzliche Kost muss immer frisch sein.
- Obst, Gemüse und Kräuter müssen frei von Spritzmitteln und Insektengiften sein.
- Obst und Gemüse wird immer klein geschnitten oder geraspelt angeboten.
- Kräuter und Blätter können auch im Ganzen gegeben werden. Mit ihren Zähnen sind die Bartagamen in der Lage, diese zu zerreißen.
- Ist man sich nicht sicher, ob diese Obstsorte oder Gemüseart auch von den Tieren vertragen wird, sollte man auf deren Verfütterung verzichten.
- Keimlinge dienen als Abwechslung im Winter.
- Auch hier gilt, dass eine abwechslungsreiche Ernährung nur zugunsten der Tiere sein kann.

Vitamine und Mineralien

Leider können wir den Bartagamen im Terrarium kein so breites Nahrungsangebot bieten, wie sie es in der Natur vorfinden würden. Damit die Tiere trotzdem mit ausreichend Vitaminen und Mineralien versorgt werden, müssen wir das Futter zusätzlich aufwerten. Besonders in der Aufzucht von Bartagamen ist auf eine ausreichende Zufuhr von Vitaminen, Calcium und Mineralstoffen zu achten.

Eine Überversorgung mit Mineralien und Vitaminen kann genauso schädlich sein wie ein Mangel. Demnach ist eine mäßige, aber ausreichende, Versorgung anzustreben. Als ausreichend hat es sich herausgestellt, wenn bei jeder zweiten Insektenfütterung diese vorher mit einem Vitamin-Mineralstoffpräparat eingestäubt werden. Bestens eignet sich hierfür das Präparat Korvimin ZVT+Reptil, das über jeden Tierarzt bezogen werden kann. Bei der Verfütterung von pflanzlicher Kost wertet man diese einmal wöchentlich zusätzlich mit einem Multivitaminpräparat auf. Hierfür gibt es verschiedene gut geeignete Mittel im Zoofachhandel (Dosierung beachten). Ein besonderes Augenmerk bei der Pflege im Terrarium muss auf eine ausreichende Versorgung mit Vitamin D3 gelegt werden, wenn die Tiere nicht die Möglichkeit haben, sich ungefilterten Sonnenlicht auszusetzen oder die Versorgung mit UV-Licht ungenügend ist. Die Dosierung ist aber gar nicht so leicht. Eine gute Empfehlung hierfür gibt es von Herrn Köhler aus dem Jahre 2001. Dieser empfiehlt pro Kilogramm Körpergewicht wöchentlich 50 bis 100 I.E.D3 (dies ist die Einheit des Wirkstoffes in Vitamintabletten oder Tropfen) zu verabreichen. Je nach verwendeten Vitaminpräparat muss so nur noch die benötigte Menge errechnet werden.

Eine ausreichende Versorgung mit Calcium ist sichergestellt, wenn die Tiere immer etwas gemahlene Sepiaschale zur Verfügung haben. Besonders Jungtiere und trächtige Weibchen machen hiervon gerne Gebrauch.

Calcium, Vitaminpräparate und Sepiaschalen helfen Mangelerscheinungen vorzubeugen.

ERFOLGSTIPP

- Zu viele Vitamine sind genauso schädlich wie zu wenige.
- Insekten bei jeder zweiten Fütterung mit einem Vitamin-Mineralstoffgemisch einstäuben.
- Wird frische pflanzliche Kost angeboten, ist es ausreichend, wenn diese einmal wöchentlich mit einem Multivitaminpräparat aufgewertet wird.
- Eine Überdosierung von Vitamin D3 ist schädlich. Auf eine genaue Dosierung ist zu achten.
- Calcium in Form von Sepiaschale sollte ständig zur Verfügung stehen.

Besonders während der Wachstumsphase ist die Gabe von Mineralien und Vitaminen besonders wichtig.

GUT ZU WISSEN

Man darf sich von den ganzen Vitaminen und Mineralstoffen aber nicht verwirren lassen. Eine abwechslungsreiche Ernährung, regelmäßiges Bestäuben der Futterinsekten mit einem Mineral-Vitamingemisch und eine Möglichkeit, Sepiaschale zu sich zu nehmen, stellt die Grundvorraussetzung für eine erfolgreiche Pflege dar. Wird nun noch bei mangelnder UV-Beleuchtung, oder wenn sich die Tiere nicht sonnen können, die Nahrung mit dem nötigen Vitamin D3 aufgewertet, werden unsere Tiere mit allen wichtigen Stoffen versorgt. Selbst wenn dies gelegentlich vergessen wird, nehmen die Bartagamen so schnell dadurch keinen Schaden.

Wann und wie oft sollen wir füttern?

Grundsätzlich sollten Bartagamen täglich bei ein bis zwei Fastentagen pro Woche gefüttert werden. Jungtiere und trächtige Weibchen nehmen mehr Nahrung zu sich als adulte Tiere. Diesen tagaktiven Echsen bietet man die Nahrung stets während der Hauptaktivitätszeit an. Idealerweise wird die Nahrung in den Morgenstunden kurz nach dem Einschalten der Beleuchtung oder am frühen Nachmittag angeboten.

Obst und Gemüse geben wir immer in eine flache Schale, aus der die Tiere dann die Nahrung aufnehmen können. Damit auch rangniedere Tiere die Möglichkeit haben, ausreichend zu fressen, empfiehlt es sich, wenn noch eine zweite Futterstelle eingerichtet wird. Viele Pfleger haben es sich zur Gewohnheit gemacht, große Insekten wie Heuschrecken und Schaben, den Tieren von der Pinzette oder der Hand

» **Diese Bartagamen lassen sich ihren Obst- und Gemüseteller schmecken.**

zu reichen. So lässt sich für jedes Tier die gewünschte Menge bestimmen. Auch Kräuter, Salat und Obst werden nach einer Eingewöhnungszeit aus der Hand des Pflegers angenommen.

Auch wenn es noch so schön ist, die Bartagamen beim Fressen zu beobachten, muss immer zurückhaltend gefüttert werden, um einem Verfetten der Tiere vorzubeugen. Die Menge, die ein Tier pro Fütterung erhalten soll, lässt sich sehr schwer beschreiben, muss aber unbedingt kontrolliert werden, denn Bartagamen fressen solange weiter bis sie sich erbrechen. Haben Bartis erst einmal den größten Hunger gestillt, gehen sie um einiges langsamer an die restliche Nahrungsaufnahme. Daran erkennt man, dass diese Menge normalerweise ausreichend ist. Der interessierte Pfleger wird so schnell das richtige Maß an Futter für seine Tiere ermitteln können. Sinnvoll ist es immer, wenn man sich einen Fütterungsplan zurechtlegt, in dem genau aufgezeichnet ist, wann die Tiere was zu fressen bekommen und an welchem Tag ein Fasttag eingelegt wird.

So könnte ein Fütterungsplan aussehen

Montag:	frisches klein geschnittenes Obst und Gemüse
Dienstag:	frische Blätter oder Kräuter und Insekten
Mittwoch:	Insekten
Donnerstag:	frisches Gemüse
Freitag:	frisches klein geschnittenes Obst und Insekten
Samstag:	heute wird gefastet
Sonntag:	Insekten

ERFOLGSTIPP ZUR FÜTTERUNG

- Nahrung immer während der Aktivitätszeit der Tiere anbieten.
- Das richtige Maß ist schnell gefunden.
- Abwechslung ist angesagt.
- Pflanzliche Kost bieten wir in einer flachen Schale an, damit nicht der ganze Bodengrund daran klebt.
- Für rangniedere Tiere einen weiteren Futterplatz anbieten.
- Auch wenn die Tiere oftmals noch so betteln, muss die Menge unbedingt kontrolliert werden.
- Ein bisschen zu wenig schadet nicht, aber ein bisschen zu viel führt schnell zur Verfettung.
- Ein bis zwei Fasttage pro Woche schaden den Tieren nicht.

» Mit ihrer fleischigen Zunge nimmt diese Bartagame die Duftspur eines Beutetieres auf.

Warum frisst meine Bartagame nicht?

Bartagamen sind in der Regel gierige Fresser. Verweigern sie allerdings für längere Zeit die Nahrungsaufnahme, so besteht wahrlich Grund sich zu sorgen. Oftmals hilft schon eine Umstellung des gewohnten Futterplanes oder es werden einmal andere Futterinsekten als gewohnt angeboten. Löwenzahn- und Gänseblümchenblüten sind eine Art Delikatesse für die Tiere und werden nur sehr selten verschmäht. Trächtige Weibchen fressen oftmals einige Tage vor der geplanten Eiablage nicht mehr.

Wenn sich die Tiere kurz vor der Winterruhe befinden gibt ihnen meist die innere Uhr an, die Nahrungsaufnahme zu verringern. Auch bei zu geringen Temperatur- und Lichtverhältnissen fressen Bartagamen oftmals nur sehr schlecht, da sie sich auf Winterruhe eingestellt haben. Bringt man die Werte auf ein Optimum, so werden sie unverzüglich wieder Nahrung annehmen. Können diese Gründe allerdings ausgeschlossen werden und die Bartagamen beginnen abzumagern, so ist umgehend ein Tierarzt zu Rate zu ziehen.

» Versteckt sich eine Bartagame häufig und wird von den anderen Tieren unterdrückt, so kann auch hierin der Grund für eine Futterverweigerung liegen.

Verhalten

» **Jetzt soll mir mal bloß keiner zu nahe kommen. Zur Drohung wird der Bart aufgestellt, schwarz gefärbt und das Maul weit aufgerissen.**

Im Gegensatz zu anderen Reptilien verfügen Bartagamen über sehr viele unterschiedliche Verhaltensmuster. Diese lassen sich im Terrarium nur beobachten, wenn man mehrere Tiere pflegt und diese genügend Platz zur Verfügung haben. Das ranghöchste Tier nimmt immer einen erhöhten Platz ein, von dem aus es das restliche Geschehen gut überblicken kann. Rangniedere Tiere hingegen ziehen sich meist aus dem näheren Umfeld des dominanten Tieres zurück. Auch bei der Nahrungsaufnahme lässt sich dieses Verhalten gut beobachten. Selbst bei Jungtieren entwickelt sich schon nach kurzer Zeit eine Hierarchie in der Gruppe.

Bartagamen sind durchaus in der Lage, miteinander zu kommunizieren, obwohl sie nur sehr selten fauchen oder ihren Missmut durch Drohgebärden zeigen. Sie sind auch nicht fähig, Laute von sich zu geben. Vielmehr ist hier Kopfnicken oder ein Winken mit den Armen die Geste, um den anderen Bartagamen zu sagen, was Sache ist. Wer seine Tiere genau beobachtet, wird bald die unterschiedlichen Verhaltensmuste- deuten können.

Wie wird meine Bartagame zahm?

Grundsätzlich sind Bartagamen keine Streicheltiere. Trotzdem eilt ihnen der Ruf voraus, sehr zahm und zutraulich zu werden. Haben sich die Tiere erst einmal gut in ihrem neuen Terrarium eingelebt, werden sie auch bald den Pfleger erkennen. Einige Tiere sind so neugierig, dass sie bereits an die Scheiben des Terrariums kommen, sobald sie den Pfleger erblicken und sei es nur deshalb, weil sie mit seinem Erscheinen etwas Leckeres zum Fressen verbinden. Mit einem Leckerbissen lassen sich die Bartagamen auch an die Hand des Pflegers gewöhnen. Vorsichtig hält man den Tieren diesen einige Zentimeter vor das Maul. Zuerst werden sie sich sehr zögerlich nähern und mit ihrer Zunge testen, ob das Angebotene fressbar ist. Wiederholt man diese Prozedur regelmäßig, so verbinden die Tiere die Hand ihres Pflegers mit etwas Angenehmen und kommen oftmals schon von selbst auf die Hand, um einen Leckerbissen zu erhalten. Ist es erst einmal soweit, lassen sich die Bartagamen bei Bedarf auch ohne Probleme unter dem Körper greifen und hochnehmen. Das bietet einige Vorteile für den Pfleger. Bei Reinigungsarbeiten oder Gesundheitskontrollen lassen die Tiere diese ohne Stress über sich ergehen. Es gibt aber immer wieder auch Tiere, die sich selbst bei größten Bemühungen nicht an die Hand des Pflegers gewöhnen und hektisch reagieren, wenn man versucht, sie zu ergreifen.

» Diese Bartagame ist dabei, eine Schabe aus der Hand des Pflegers zu nehmen.

GUT ZU WISSEN

- Bartagamen sind trotz ihrer Zutraulichkeit und Zahmheit keine Streicheltiere. Es ist aber von Vorteil, wenn die Tiere ruhig reagieren, wenn man sie in die Hand nimmt. So können eventuelle Häutungsreste leicht entfernt werden und auch der Gesundheitszustand lässt sich gut kontrollieren.
- Mit kleinen Leckerbissen kann man die Tiere schnell an die Hand des Pflegers gewöhnen. Werden die Tiere größer und zeigen keine Angst mehr vor der Hand des Pflegers, kann es schon einmal passieren, dass sie den Finger anknabbern.
- Bartagamen werden vorsichtig unter dem Körper ergriffen und aufgenommen. Ein Ergreifen von oben stellt für die Bartagamen eine Bedrohung dar und sie reagieren mit einem Abwehrverhalten.
- Nicht alle Tiere werden zutraulich. Dies ist sehr stark individuenabhängig.

» Haben sich die Tiere an den Pfleger gewöhnt, so lassen sie sich wie hier ohne Probleme auf die Hand nehmen.

Pflege

Bartagamen benötigen täglich Futter und die Ausscheidungen der Tiere sind regelmäßig zu entfernen. So gestaltet sich die Pflege dieser Tiere etwas zeitaufwändiger als bei vielen anderen Reptilien. Aber keine Angst, so schlimm ist es auch wieder nicht, wenn man die Arbeiten regelmäßig ausführt. Idealerweise erstellt man sich auch hierfür einen Plan, der ähnlich wie der Fütterungsplan aussehen kann oder man kombiniert die beiden.

Zu den täglichen Arbeiten gehören beispielsweise:

- Die technischen Geräte müssen auf ihre Funktion hin überprüft werden.
- Ebenso ist die Temperatur und die Luftfeuchtigkeit zu überprüfen. Bei Bedarf wird auch gesprüht.
- Kot, Urin und Häutungsreste der Tiere müssen entfernt werden.
- Das Wasser ist zu erneuern.
- Sind noch Futtertiere vom Vortag im Terrarium, so müssen auch diese herausgefangen werden.

In unregelmäßigen Zeitabständen aber mindestens ein- bis zweimal jährlich sind die Einrichtungsgegenstände zu reinigen und der Bodengrund muss erneuert werden. Bei Bedarf werden die Glasscheiben geputzt. Spätestens, wenn ein Leuchtmittel ausfällt muss es ausgetauscht werden. Besser ist es den regelmäßigen Austausch der Leuchtmittel zu planen. So werden nicht alle auf einmal erneuert sondern Zug um Zug immer mal wieder ein anderes. Auf diese Art bleibt die Beleuchtungsstärke relativ konstant.

» **Bei den regelmäßigen Pflegearbeiten können auch Kinder mithelfen.**

GUT ZU WISSEN

- Wer sich alle Pflegearbeiten aufschreibt, weiß immer, wann welche Arbeiten ausgeführt wurden. Dies ist besonders bei der regelmäßigen Erneuerung der Leuchtmittel von großem Vorteil.
- Alle Verunreinigungen im Terrarium sind bei Entdecken sofort zu entfernen.
- Technik und Klimawerte müssen regelmäßig kontrolliert werden.
- Spätestens nach einem Jahr oder nach einer Krankheit muss das ganze Terrarium gereinigt werden.

» Auch während der schönsten Zeit des Jahres muss sichergestellt sein, dass unsere Tiere für die Dauer unseres Urlaubs gut versorgt sind.

Meine Bartagame im Urlaub

Kann man sich auf die Technik verlassen und ist die Versorgung mit Wasser sichergestellt, kann man seine Bartagame schon mal für zwei bis drei Tage alleine lassen. Diese Zeit können sie auch unbeschadet ohne Futter überstehen. Plant man hingegen eine längere Urlaubsreise, so muss man sich beizeiten um einen geeigneten Ersatzpfleger umschauen. In vielen größeren Orten gibt es Zoofachgeschäfte, die eine Urlaubsverpflegung für Reptilien anbieten. Bei Bartagamen gestaltet sich dies aber äußerst kompliziert, da in der Regel die Tiere dort abgegeben werden müssen. In dem neuen Terrarium müssen sie sich erst wieder zurechtfinden und einleben. Nach dem Urlaub sollen sie aber wieder zurück in ihr altes Terrarium. Wie man schon sieht, stellt dies einen erheblichen Stress für die Tiere dar und es wird kein Weg daran vorbeiführen, dass man eine Urlaubsvertretung findet, die in die Wohnung kommt. Viele ortsansässige Terrarienvereine sind hier gute Ansprechpartner. Meist tauscht man sich hier in der Urlaubsvertretung aus. Gelingt auch dies nicht, so bleibt nur in der Familie, dem Bekanntenkreis oder der Nachbarschaft nach einem bereitwilligen Bartagamensitter zu suchen. Dieser muss bereits mindestens eine Woche vor der geplanten Abreise in die einzelnen Pflegemaßnahmen und in die Fütterung eingewiesen werden. Sinnvoll ist es, wenn man ihm eine Liste mit allen wichtigen Tätigkeiten zur Verfügung stellt und diese vorher mit ihm einübt. Für alle Notfälle hinterlässt man noch die Adresse eines fachkundigen Zoofachgeschäftes.

» Täglich muss das Wasser erneuert werden.

INHALTE DER VERTRETUNGSLISTE

- Wie heißen die Tiere (auch wissenschaftliche Bezeichnung)?
- Welche Temperaturen und Klimawerte benötigen sie?
- Wann, was und wie oft muss gefüttert werden?
- Wie, was und wie oft ist zu reinigen?
- Wie ist im Notfall zu verfahren?

Winterruhe

Bereits junge Bartagamen können bedenkenlos überwintert werden. Stets muss allerdings frisches Trinkwasser zur Verfügung stehen.

Auch in den warmen Gebieten Australiens sind die Temperaturen jahreszeitlich bedingt sehr unterschiedlich. Während der heißen Zeit des Sommers, müssen sich die Bartagamen, um der Hitze auszuweichen, verstecken oder eingraben. Für die kühlere Jahreszeit haben sie eine andere Möglichkeit zum Überleben getroffen. Sie halten eine Winterruhe, ähnlich wie uns dies bei einheimischen Reptilien bekannt ist. Im Terrarium ist diese nicht zwingend erforderlich und viele Pfleger von Bartagamen führen auch keine Winterruhe bei ihren Tieren durch. Trotzdem befinden sich deren Tiere in einem sehr guten Gesundheitszustand und vermehren sich regelmäßig. Dies soll aber kein Grund sein, Bartagamen nicht zu überwintern. Eine Winterruhe bekommt den Tieren sehr gut. Einige Tiere reduzieren auch von sich aus die Nahrungsaufnahme oder stellen diese sogar ganz ein, wenn die Zeit für die Winterruhe gekommen ist. Kranke Tiere dürfen keinesfalls überwintert werden. Jungtieren hingegen schadet es nicht im Geringsten.

Durchführung der Winterruhe

Damit sich der Darm der Tiere entleeren kann, wird bereits zwei Wochen vor der anstehenden Winterruhe nicht mehr gefüttert. Manche Pfleger baden ihre

Dieses Tier befindet sich gerade in der Häutung, was an dem milchigen Aussehen zu erkennen ist. Erst nach abgeschlossener Häutung wird das Tier in die Winterruhe geschickt.

Tiere auch in lauwarmen Wasser. Hierdurch wird die Darmtätigkeit angeregt und die Bartagamen entleeren diesen.
Jetzt erst wird über einen Zeitraum von zwei Wochen hinweg die Beleuchtung und die Heizung langsam auf das Winterniveau gebracht. Während der Winterruhe sollte die Grundbeleuchtung täglich etwa sechs Stunden in Betrieb sein und die Temperaturen bei Zimmertemperatur (zwischen 16 °C und 21 °C) liegen. Auch während der Ruhephase müssen die Tiere ständig die Möglichkeit haben, frisches Wasser aufzunehmen. Sollten die Bartagamen wider Erwarten recht munter sein, könnte es daran liegen, dass sie durch die Umgebung (sonstiges Leben im Terrarienzimmer) ständig gestört werden. Hier lässt sich leicht Abhilfe schaffen, indem man das Terrarium verhängt. Nach einer Zeit von sechs bis acht Wochen werden die Tiere in umgekehrter Reihenfolge wieder aufgeweckt. Erst wenn die Beheizung und Beleuchtung seit mindestens einer Woche voll in Betrieb ist, können die Tiere das erste Mal gefüttert werden.
Von Zeit zu Zeit wird der Gesundheitszustand der Tiere kontrolliert. Magern die Tiere während der Winterruhe stark ab oder sind trotz allen Maßnahmen noch sehr aktiv, so sollte diese frühzeitig beendet werden.

» Ist die Winterruhe vorbei und alle Klimawerte sind wieder auf Sommer eingestellt, so sollten die Bartis wieder wie gewohnt an das angebotene Futter.

GUT ZU WISSEN

- Nur Tiere mit entleertem Darm überwintern, sonst können die Magen und Darminhalte zu faulen beginnen.
- Auch während der Winterruhe benötigen die Tiere ständig frisches Wasser.
- Eine Winterruhe von sechs bis acht Wochen bei Zimmertemperatur ist ausreichend.
- Selbst Jungtiere können problemlos überwintert werden.
- Temperaturen immer langsam nach unten oder oben fahren, um Krankheiten vorzubeugen.
- Kommt es zu Problemen in der Ruhephase, so sollte diese abgebrochen werden.

Vermehrung von Bartagamen

Die meisten Pfleger von Bartagamen wünschen sich natürlich auch einmal Nachwuchs bei ihren Lieblingen. Aber Vorsicht! Bartagamen gehören mit den Kornnattern zu den am häufigsten in der Terraristik nachgezüchteten Tieren. Nicht immer gelingt es, die zahlreichen Jungtiere dann auch an geeignete Interessenten weiterzuvermitteln. Sogar viele Großhändler lehnen dankend ab, selbst wenn man die Jungtiere fast verschenkt.

Der angehende Bartagamenzüchter sollte sich also bereits im Vorfeld über eventuelle Absatzmöglichkeiten informieren. Denn bei bis zu 60 Jungtieren pro Weibchen und Jahr stößt man schnell an die Grenzen des Machbaren. Junge Bartis müssen ja genauso gut versorgt werden wie die Eltern und wachsen gerade in den ersten Monaten sehr schnell.

Zur Zucht dürfen nur blutsfremde Tiere (diese haben unterschiedliche Eltern) eingesetzt werden. Denn durch Inzucht kann es sonst zu starken Missbildungen kommen. Dass man nur gesunde und wohlgenährte Tiere, die über ein Jahr alt sind, zur Zucht verwendet, sollte selbstverständlich sein. Zu junge oder schwache Tiere überstehen oftmals den Stress von Paarung und Eiablage nur schlecht und erholen sich nicht mehr.

GUT ZU WISSEN

- Nur gesunde und wohlgenährte Tiere zur Zucht verwenden.
- Die Zuchttiere müssen blutsfremd und älter als ein Jahr sein.
- Bereits im Vorfeld sollte man sich über mögliche Abnehmer der Jungtiere Gedanken machen.

Diese Bartagame ist trächtig und wird vermutlich in den nächsten Tagen ihre Eier ablegen.

Der kleine Unterschied

Grundvorraussetzung für die Vermehrung ist natürlich, dass man mindestens ein Pärchen pflegt. Bei Bartagamen gelingt die Geschlechtsbestimmung relativ einfach, solange es sich nicht um Jungtiere handelt (hier ist oftmals sogar der jahrelange Pfleger überfordert). Hierzu können zwei unterschiedliche Möglichkeiten verwendet werden. Betrachtet man seine Bartagame von unten, so sind beim Männchen die Femoral- und Präanalporen ausgeprägter und größer als beim Weibchen. Diese Poren lassen sich als kleine Punkte von der Schwanzwurzel über die beiden Oberschenkel bis hin zum Kniegelenk erkennen. Hebt man den Schwanz der sitzenden Bartagame vorsichtig an und biegt ihn behutsam in Richtung Kopf, lassen sich am Schwanzansatz direkt hinter der Kloake beim Männchen die beiden Hemipenistaschen erkennen, die in Richtung Schwanzspitze verlaufen. Bei männlichen Tieren sind meist auch die Köpfe wuchtiger und größer als bei den Weibchen.

Paarung und Eiablage

Circa zwei bis drei Wochen nach der Winterruhe beginnen die Männchen mit der Balz. Dies zeigt sich vor allem in einem sehr ausgeprägten Revierverhalten

» **Paarung von Bartagamen**

und in häufigem Kopfnicken (der Bart ist schwarz gefärbt). Auf diese Art nähern sie sich immer mehr dem auserwählten Weibchen an, welches dieses Verhalten mit einem flüchtigen Winken beantwortet. Haben sie das Weibchen erreicht, erfolgt die eigentliche Paarung meist sehr heftig. Dazu verbeißt sich das Männchen im Nacken des Weichens und bringt seinen Schwanz unter den des weiblichen Tieres. Jetzt

» **Ein Weibchen, hier ist keine Verdickung am Schwanz zu erkennen.**

» **Ein Männchen, gut lassen sich die beiden Hemipenistaschen erkennen.**

kann das Männchen einen Hemipenis in die Kloake des Weibchens einführen. In den folgenden Wochen sind noch weitere Paarungen zu beobachten.
Eine Trächtigkeit von weiblichen Bartagamen lässt sich gut an dem stark zunehmenden Körperumfang erkennen. Als Eiablageplatz im Terrarium dient, wie ja bereits beschrieben, eine Stelle mit 20 cm Bodengrund welcher leicht feucht gehalten wird. Ersatzweise kann man auch eine große Kiste mit entsprechender Füllung in das Terrarium stellen. Nach einer Tragzeit von vier bis sieben Wochen legen die Weibchen ihre Eier ab. Immerhin bis über 20 Stück. Steht dem Weibchen kein geeigneter Eiablageplatz zur Verfügung, kann es zu einer Legenot kommen, bei der nur noch ein Tierarzt helfen kann.

Bartagamenweibchen sind in der Lage, das Sperma der Männchen zu speichern und können so über das ganze Jahr verteilt immer wieder ein Gelege absetzen (bis zu dreimal). Es versteht sich von selbst, dass in dieser Zeit die weiblichen Tiere gut und ausgewogen ernährt werden müssen und stets die Möglichkeit haben, ihren erhöhten Calciumbedarf zu decken.

Inkubation der Eier

Da die Eier im Terrarium nur unkontrollierten Bedingungen ausgesetzt sind und sich oftmals auch die Eltern an den Eiern oder den frisch geschlüpften Jungtieren vergreifen, ist es angeraten, diese in einen Inkubator (Brutapparat) zu überführen. Inkubatoren gibt es fertig im Zoofachhandel zu kaufen. Diese

» Besser sind die Eier in einem Inkubator untergebracht.

» Hier wurden die Eier in feuchten Sand inkubiert. Mit Sicherheit nicht die beste Lösung. Die gelblichen Eier sind sogenannte Wachseier und unbefruchtet. Man kann sie vorsichtig entfernen.

Fertiggeräte eignen sich hervorragend zum Bebrüten von Bartagameneiern.

Hat das Weibchen nun die Eier abgelegt, werden sie vorsichtig ausgegraben und in ein Brutgefäß, das mit Vermiculit gefüllt ist, überführt. Vermiculit ist ein Isoliermaterial aus dem Kaminbau und eignet sich sehr gut für die Inkubation von Reptilieneiern. Dieses trockene Substrat mischt man im Verhältnis von 2:1 mit lauwarmem Wasser und füllt es anschließend in die eigentlichen Brutgefäße (zum Beispiel Heimchendosen). Bei der Überführung der Eier ist darauf zu achten, dass diese nicht gedreht werden und in der gleichen Lage, wie sie vorgefunden wurden, wieder zur Hälfte eingebettet werden.

Bei Temperaturen zwischen 26 °C und 29 °C schlüpfen die jungen Bartagamen nach rund 60 bis 80 Tagen.

GUT ZU WISSEN

- Bereits einige Tage vor der Eiablage, diese lässt sich daran erkennen, dass das Weibchen ständig Probegrabungen durchführt, sollte der Brutapparat und die Brutgefäße vorbereitet werden.
- Zu einer erfolgreichen Inkubation der Eier ist eine konstante Luftfeuchtigkeit von 80% bis 90% erforderlich.
- Bei Temperaturen zwischen 26 °C und 29 °C schlüpfen die Bartis nach circa 70 Tagen. Werden die Temperaturen während der Nacht um 4 °C abgesenkt, dauert die Entwicklung länger und es schlüpfen kräftigere Jungtiere.
- Reptilieneier müssen in der gleichen Lage wieder eingebettet werden und dürfen auf keinen Fall gedreht werden.
- Abgestorbene oder unbefruchtete Eier beginnen binnen weniger Tage sich zu verfärben oder setzen Schimmel an. Wenn sich diese leicht entfernen lassen, kann man sie auslesen. Gesunde Eier werden aber hierdurch nicht geschädigt.

» Mit ihren kurzen, fast runden Köpfen sehen junge Bartagamen sehr niedlich aus.

Aufzucht der Jungtiere

Die Pflege von frisch geschlüpften Bartagamen ist nicht so einfach wie die der adulten. Bei Gruppenaufzucht brauchen sie ausreichend Platz, um Artgenossen aus dem Weg zu gehen. Auch hier ermöglichen mehrere Futterstellen, dass alle Tiere ausreichend fressen können. Besonderes Augenmerk ist bei Jungtieren auf eine regelmäßige Flüssigkeitsaufnahme zu legen. Gerade sie dehydrieren (austrocknen) sehr leicht. Befeuchtet man täglich mit einer Blumenspritze die Einrichtungsgegenstände, werden sie schnell lernen, dort die Flüssigkeit aufzunehmen.
Nach dem Schlupf kann es bis zu einer Woche dauern, ehe die Jungtiere das erste Mal Nahrung annehmen. Während dieser Zeit leben sie noch von Dotterresten, die kurz vor dem Schlupf aufgenommenen wurden. Die weitere Aufzucht gelingt meist ohne Schwierigkeiten, wenn die Licht- und Klimawerte eingehalten werden.

GUT ZU WISSEN

- **Auch bei Jungtieren herrscht bereits eine Hierarchie. So kann es nötig sein, dass man unterlegene Tiere einzeln pflegen muss, damit sie auch ans Futter kommen.**
- **Stets ist darauf zu achten, dass die kleinen Bartis genügend Flüssigkeit aufnehmen.**
- **Besonders Jungtiere brauchen eine ausreichende Versorgung mit UV-Licht, Vitaminen und Mineralstoffen.**
- **Spätestens, wenn die Jungtiere beginnen, sich zu jagen oder sich gegenseitig die Schwanzspitzen abbeißen, müssen sie getrennt werden.**

Die Funktion von heißen Steinen sollte vor dem Einsatz auf alle Fälle überprüft werden.

Meine kranke Bartagame

Am Schwanz dieser Bartagame sind noch Reste der alten Haut zu sehen. Bevor man eingreift, sollte man einige Tage warten, denn meist löst sich diese noch von selbst.

Werden Bartagamen artgerecht gepflegt und abwechslungsreich ernährt, wird man so gut wie nie eine ernsthafte Erkrankung feststellen. Sollte es doch einmal zum Ernstfall kommen, ist es von großen Vorteil, wenn man Aufzeichnungen über Paarung, Nahrungsaufnahme und Häutung hat. Selbst, wenn man über die wichtigsten Krankheitsbilder Bescheid weiß, ersetzt dies auf keinen Fall den Besuch bei einem reptilienkundigen Tierarzt.

» **Ein gelegentliches Sonnenbad bekommt den Tieren sehr gut und fördert die Gesunderhaltung.**

Eine eigenwillige Behandlung der Tiere sollte keinesfalls durchgeführt werden. Viele Krankheitsanzeichen ähneln sich sehr stark, aber auch die Verabreichung von Medikamenten erweist sich als äußerst schwierig. Denn hier liegt oftmals die wirksame Dosis nur sehr nah an der tödlichen.

Listen von reptilienkundigen Tierärzten bekommt man bei der DGHT (Adresse im Anhang) oder im Internet.

Bei Außenparasiten, Häutungsschwierigkeiten und kleinen Verletzungen kann man den Tieren auch selbst helfen.

Milben und Zecken sitzen besonders gerne in den Zwischenräumen der stacheligen Schuppen am Kehlsack.

Außenparasiten

Tiere, welche die Möglichkeit haben, gelegentlich ein Sonnenbad im Garten oder auf der Terrasse zu nehmen, können sich dabei leicht Außenparasiten einfangen. Milben sind winzig kleine Plagegeister, die sich in den Hautfalten der Tiere festsetzen. Besonders bei Dunkelheit lassen sich diese gut erkennen, wenn man den Kopf der Bartis mit einer Taschenlampe anleuchtet. Als ideales Mittel gegen Milben hat sich der Wirkstoff Dichlorvos (als Insektenstrip erhältlich) bewährt. Die Gebrauchsanweisung muss unbedingt beachtet werden, um Gesundheitsschäden zu vermeiden.
Zecken hingegen dürften wohl einem jeden bekannt sein. Diese Blutsauger haften sich meist bei einem Gartenaufenthalt an unsere Bartagamen. Sie lassen sich mit einer Zeckenzange, wie sie für Hund und Katze erhältlich ist, leicht entfernen.

Häutungsschwierigkeiten

Nicht selten bleiben einige Hautreste bei der Häutung an der Bartagame zurück. Besonders oft sind hier die Zehen und der Schwanz der Tiere betroffen. Ist dies der Fall, so bietet man den Tieren einen feuchtem Unterschlupf oder eine Höhle an. Geeignet ist hier eine Kunststoffdose mit feuchtem Sand, die ein Einschlupfloch in Tiergröße hat. So löst sich meist die alte Haut, ohne dass der Pfleger weiter eingreifen muss. Notfalls lassen sich die Häutungsreste auch mit Vaseline eincremen und nach einer Einwirkzeit entfernen. Niemals darf versucht werden die Haut in trockenem Zustand zu entfernen. Dies könnte zu einer Verletzung der Tiere führen. Kommt es häufiger zu Problemen bei der Häutung, so müssen auf alle Fälle die Klimawerte nochmals genau überprüft werden.

Kleine Verletzungen

Bei der Paarung kommt es häufig zu kleinen Bissverletzungen bei den Weibchen in der Nackenregion. Diese ist kein Grund zur Sorge, solange sich die Wunde nicht entzündet. Bereits bei der nächsten Häutung wird schon nichts mehr zu sehen sein.

Auch bei der Aufzucht von Jungtieren kommt es häufig zu Raufereien. Vor allem dann, wenn sehr viele männliche Tiere in einem Terrarium aufgezogen werden. Viele Tiere verlieren hier ihre Schwanzspitze oder eine Zehe. Selbst das schadet den Tieren nicht, solange sich die Wundränder nicht entzünden.

Zur Unterstützung der Heilung kann man solche kleinen Wunden noch mit einer antibiotischen Salbe behandeln. Sobald aber eine Wunde zu nässen oder eitern beginnt, sollten wir einen Tierarzt zu Rate ziehen.

VORSORGE

- **Zugluft bei Feilandaufenthalten führt oftmals zu einer Lungenentzündung.**
- **Regelmäßig sollte eine Kotprobe von einem erfahrenen Tierarzt auf Darmparasiten untersucht werden.**
- **Bei einer zu feuchten Pflege drohen oftmals Entzündungen der Bauchschuppen oder ein Pilzbefall.**
- **Um Stoffwechselerkrankungen vorzubeugen, müssen Bartagamen immer abwechslungsreich und mit viel frischer pflanzlicher Kost ernährt werden.**
- **Haben Bartagamen nicht die Möglichkeit, ihre Krallen abzunutzen, so müssen diese gegebenenfalls von einem Tierarzt gekürzt werden.**

Wer seine Bartagamen artgerecht pflegt und ihnen genügend Platz zur Verfügung stellt, wird lange Zeit Freude an ihnen haben.

Schlusswort

Geschafft! Endlich ist unser Bartagamenterrarium fertig eingerichtet und die Tiere sind eingezogen. Jetzt lassen sich unsere neuen Mitbewohner beobachten und einige Tiere fressen bereits Leckerchen aus der Hand. Auf den vorigen Seiten war ja zu lesen, dass die Gestaltung und Pflege eines Bartagamenterrariums keine große Kunst ist und auch Anfängern gelingt. Mit etwas Glück und Fingerspitzengefühl wird vielleicht sogar einmal die Nachzucht gelingen.

Viele Bartifans, die nur mit einem einzigen Bartagamenterrarium begonnen haben, pflegen mittlerweile einige unterschiedliche Arten oder Farbformen. Im Laufe der Jahre, durch ihre Beobachtungen und ihre Erfahrung, sind aus ihnen wahre Spezialisten in der Pflege von Bartagamen geworden. Es ist auch immer sehr lehrreich mit so einem „Alten Hasen“ einmal über unser Hobby zu diskutieren.

Ich hoffe, mit diesem Buch gerade den Anfängern, aber auch dem interessierten fortgeschrittenen Bartagamenpfleger ein Werk an die Hand gegeben zu haben, dass alle wichtigen Parameter wie Terrarium, Erwerb, Pflege, Ernährung, Zucht und Gesunderhaltung in ausreichendem Maße behandelt.

Bedanken möchte ich mich noch bei all meinen Freunden und Bekannten aus der Terraristikszene, die mich stets mit wichtigen Daten versorgen und mir auch die Möglichkeit geben, Fotos von ihren Tieren zu machen.

Dank gilt nicht zuletzt auch dem bede-Verlag, der mich stets bei meiner Arbeit unterstützt und mir alle erdenkliche Hilfe zuteil werden lässt. Erst durch ihn wurde es möglich, dieses Buch zu verwirklichen.

Besonderer Dank gilt meiner Frau Alexandra und meinen beiden Kindern Christopher und Kathrin, die stets bereit waren, mich zu unterstützen, und mir die nötige Freizeit gegeben haben, unsere Tiere über Jahre hinweg zu pflegen, und so den Grundstein zu diesem Buch mit gelegt haben.

„Hmm, diese Schabe schmeckt aber lecker! Musst dir auch eine fangen!“

Literatur und Adressen

Literatur

Köhler, Griesshammer, Schuster, Bartagamen
Rauh J., Grundlagen der Reptilienhaltung
Hackbarth R., Krankheiten der Reptilien
Hausschild, Bosch, Bartagamen und Kragenechsen
Jes H., Echsen als Terrarientiere
Manthey, Schuster, Agamen
Dieckmann M., Zwergbartagamen
Hausschild A., Die Bartagame
Palika L., Leben mit Bartagamen
Müller V., Bartagamen

Adressen

Deutsche Gesellschaft für Herpetologie und Terrarienkunde e.V. (DGHT)
Postfach 1421, 53351 Rheinbach
www.dght.de

Ortsansässige Terrarienvereine oder Ortsgruppen der DGHT. Diese sind meist bei der Gemeinde oder im Internet leicht zu finden
Es gibt auch zahlreiche Internetseiten, die sich mit Reptilien befassen. Leider sind nicht immer alle inhaltlich korrekt und daher auch als Wissensquelle gerade für Einsteiger in dieses Hobby nur bedingt geeignet.

(Hinweis: Der bede-Verlag ist nicht für den Inhalt von Internetseiten und deren Links verantwortlich.)

Bildnachweis
Alle Bilder dieses Buches vom Autor Werner Preißer, außer anders angegeben.

Christine Steimer: Seite 13 oben, 24 links, 34 rechts, 46 links, 55 oben und Umschlagseite
bede-Verlag: Seite 22, 38 oben